QUELQUES RÉFLEXIONS

SUR

L'AVENIR DE L'AGRICULTURE

ET DES

PRINCIPALES RACES D'ANIMAUX DOMESTIQUES.

QUELQUES RÉFLEXIONS

L'AVENIR DE L'AGRICULTURE

ET DES

PRINCIPALES RACES D'ANIMAUX DOMESTIQUES.

Par QUIN,

VÉTÉRINAIRE EN SECOND AU CINQUIÈME DE LANCIERS,
MEMBRE CORRESPONDANT DE LA SOCIÉTÉ IMPÉRIALE D'AGRICULTURE
ET DES ARTS DE SEINE-ET-OISE.

> « Les progrès de l'Agriculture doivent
> » être un des objets de notre constante
> » sollicitude, car de son amélioration
> » ou de son déclin datent la prospérité
> » ou la décadence des Empires. »
> L'EMPEREUR NAPOLÉON III.
> *Discours d'ouverture de la session
> législative de 1857.*

CHARTRES

GEORGES DURAND, IMPRIMEUR-LIBRAIRE, RUE SERPENTE

—

1867

A Monsieur le Vicomte Reille, Député d'Eure-et-Loir,
Commandeur de la Légion d'honneur, etc.

Monsieur le Député,

J'ai l'honneur de vous offrir la dédicace d'un ouvrage qui m'a demandé quelques recherches assez longues.

Mon but en l'écrivant a été de rappeler aux laborieuses populations agricoles que vous représentez au Corps législatif quelques vérités fondamentales, trop méconnues ou trop négligées de nos jours.

Pour ce travail, j'ai moins consulté mes forces que je n'ai obéi au vif désir d'être utile à mes compatriotes.

Je dois l'avouer, le sentiment de mon insuffisance m'a fait longtemps hésiter à entreprendre une pareille tâche ; je m'y suis décidé pourtant parce que j'ai beaucoup compté sur l'indulgence de mes lecteurs et sur la vôtre en particulier.

Je vous prie de vouloir bien agréer,

Monsieur le Député,

Mes hommages les plus respectueux

QUIN.

PRÉFACE.

Les souffrances de l'agriculture beauceronne sont dues à des causes multiples. Tandis que les unes sont communes à toute l'agriculture française, il en est d'autres qui sont pour ainsi dire particulières à la contrée. Les unes comme les autres sont graves et méritent d'être sérieusement examinées.

Cet état précaire de la culture en Beauce n'est pas nouveau. C'est un fait bien reconnu depuis plusieurs années déjà. Dès 1863, des plaintes sérieuses s'étaient fait entendre assez haut pour éveiller l'attention de M. le comte de Charnailles. Ce qui le prouve, c'est que la même année, l'autorité préfectorale, — et on ne saurait trop l'en louer, — fit appel aux lumières d'un professeur distingué de l'école de Grignon pour établir au chef-lieu même du département d'Eure-et-Loir des conférences d'agriculture pratique, afin d'indiquer aux cultivateurs beaucerons quelles modifications urgentes réclamait leur culture locale et les meilleurs moyens de les accomplir.

Une pareille mesure ne suffit-elle pas pour caractériser une situation ?

L'honorable M. Heuzé répondit au désir qui lui était exprimé, et, on doit le dire, il apporta dans l'accomplissement de sa mission, non-seulement un grand savoir et un grand désintéressement, mais encore un grand zèle et une complaisance à toute épreuve.

A cette époque, nous tenions garnison à Chartres, et grâce à notre séjour dans cette ville, il nous fut permis de suivre les intéressantes conférences agricoles de M. Heuzé. Nous avons écouté le savant professeur avec une attention très suivie et très soutenue ; nous nous sommes surtout attaché à bien saisir sa pensée. Il est vrai que c'était un scrupuleux devoir pour nous, puisque nous avions l'honneur de reproduire dans une feuille locale, *L'Union agricole,* ses remarquables dissertations. Nous croyons avoir rempli consciencieusement ce modeste rôle de répétiteur, ou du moins nous avons essayé de le faire, suivant les ressources de nos forces et de notre intelligence.

Mais le mal était si profond que, malgré leur utilité incontestable, les efforts du professeur sont restés impuissants à le détruire. Sans doute, ces efforts ont contribué à l'amoindrir dans une certaine mesure ; sans doute encore, ils ont aidé au progrès ; mais nous pensons que leur principal mérite consiste surtout à avoir préparé les esprits, à les avoir stimulés, à avoir provoqué enfin une agitation salutaire de laquelle doit sortir avec le temps une solution efficace, car le temps seul peut accomplir des réformes aussi importantes que celles qui sont réclamées par l'agriculture de l'ancienne Beauce.

Nous avons le plus grand respect pour le savoir et pour le caractère de M. Heuzé. Cependant nous croyons devoir ajouter que, dans notre pensée, ce professeur a trop négligé l'étude des conditions économiques du pays dont il s'occupait ; qu'il n'a pas assez insisté sur les modifications survenues récemment dans les rapports du producteur et du consommateur. En négligeant cette partie importante de la question, — qui en est pour ainsi dire la clef, — il a été conduit à ne conseiller que des remèdes anodins quand c'était réellement aux moyens héroïques qu'il fallait recourir. Avec l'autorité qui s'attache toujours au mérite, M. Heuzé pouvait donner carrière à sa pensée tout entière, aborder tous les développements ; il pouvait, en un mot, tout ce qu'il voulait.

Ainsi donc, ce n'est pas sans regret que, dès le début de son cours, nous l'avons entendu répudier les transformations radicales, *révolutionnaires,* pour nous servir de sa propre expression ; dire qu'il ne fallait nullement songer à bouleverser la culture établie en Beauce, quand, de son propre aveu, l'agriculture beauceronne est depuis longues années déjà entièrement *stationnaire.* Ne serait-ce pas une raison pour beaucoup changer, car, en de pareilles circonstances, ne pas avancer, c'est reculer.

Des palliatifs devaient rester insuffisants, et ils le sont restés.

Peut-être pour procéder ainsi M. Heuzé avait-il ses raisons ? Peut-être était-ce tactique de sa part ? Peut-être voulait-il rassurer son auditoire et craignait-il de l'effrayer ?

Nous ne savons.

Quoi qu'il en soit, il est certain que tout le cours de M. Heuzé s'est ressenti de cette timidité du début, timidité fâcheuse à tous égards, surtout si elle n'était pas complétement dans l'esprit de l'éminent professeur. Il est certain encore qu'il est résulté de cette timidité d'allures une étude incomplète selon moi de la question. Devant un problème de cette nature et de cette importance, il faut savoir oser ; il faut savoir, — mon Dieu, le mot est bien gros, — être *révolutionnaire.*

Ce mot n'a pas ici de signification terrible. Il est des révolutions....... pacifiques qui ne sont pas les moins avantageuses à la cause du progrès.

Il est entendu que nous ne voulons parler que de celles-là. Les changements qui se sont opérés dans la rapidité des transports, dans les habitudes, les besoins des populations rurales et urbaines, qu'est-ce autre chose que des révolutions? Ces transformations, si profitables à certaines contrées, les ont obligées toutes à modifier plus ou moins leurs procédés d'exploitation. C'est exclusivement à ces grands changements contemporains que la Beauce doit la perte de son ancienne supériorité. Voisin de la grande ville, le pays beauceron jouissait, pour cette raison, du monopole de ses approvisionnements en céréales. Il en est autrement aujourd'hui. Cet important débouché, s'il existe encore, est du moins diminué par la concurrence des contrées éloignées. Il s'est donc opéré là un changement irrévocable.

Partout la culture est dominée par les conditions économiques ; cette loi est générale, elle régit tous les pays.

Les chemins de fer ont supprimé les distances. Leur établissement a fait naître la concurrence là où avait toujours existé le monopole le plus absolu, et je n'entends point parler ici du monopole qui tire son origine des lois et règlements, mais bien de celui qui naît de la nature des choses, monopole autrement impérieux que tous les autres, et qu'on pourrait appeler le monopole de la nécessité.

La preuve de tout ceci, c'est que cette concurrence nouvelle a tué bon nombre d'industries autrefois très florissantes. En effet, pour ne nous occuper que de celles qui ont le plus directement trait à notre sujet, les nourrisseurs et les maraîchers de la banlieue parisienne n'ont-ils pas été condamnés à disparaître parce qu'il leur fallait lutter dans des conditions devenues impossibles pour eux? Cela n'est-il pas évident?

On peut dire sans exagération que l'ancienne banlieue de Paris s'est agrandie; qu'aujourd'hui la Beauce en fait partie. Si elle doit subir la rivalité des contrées éloignées pour l'approvisionnement en blé de la grande capitale, si elle doit perdre son privilége séculaire, elle peut *retrouver* une compensation en partageant avec d'autres régions les avantages qui s'attachent à la production du lait, des œufs, des légumes, de la viande, etc...

Oui, pour se maintenir et même pour récupérer son ancienne splendeur, la Beauce doit opérer dans sa culture une révolution radicale et complète. Son devoir est d'y procéder de suite, mais progressivement. Le résultat est infaillible.

En résumé, qu'a été la Beauce dans le passé?

Le grenier de Paris.

Que doit-elle être désormais?

Le jardin de Paris.

Pour cela, je le reconnais, l'agriculture beauceronne doit encore parcourir rapidement et successivement plusieurs étapes difficiles. Mais, qu'elle le veuille ou non, la voie est tracée, et la force des choses, plus puissante que la volonté humaine, la conduira sûrement au but que nous venons d'indiquer. Sa marche est certaine, évidente. Ce qui importe donc, c'est d'aplanir par la réflexion et l'étude les difficultés que la poursuite de ce but peut faire rencontrer. Il faut rechercher le moyen de prévenir bien des chutes inévitables, ou du moins de les amortir.

Chaque jour, ces vérités sont répétées dans *L'Union agricole* par un homme de cœur et de talent, M. Jumeau. Malgré leur évidence, elles ont été contestées, plus même, elles ont été mal accueillies.

Espérons qu'elles feront leur chemin cependant, et que ceux qui les nient encore reviendront de leur erreur. Espérons enfin que les agriculteurs beaucerons reconnaîtront bientôt que les hommes qui leur sont le plus sincèrement dévoués ne sont pas ceux qui les flattent, mais bien ceux qui leur disent de bonnes vérités, ces vérités dussent-elles leur déplaire.

Nous serions heureux si nous avions pu contribuer, pour notre faible part, à un si louable résultat.

Poitiers, janvier 1867.

PREMIÈRE LETTRE

—◦◇◦—

L'INDUSTRIE AGRICOLE EST LA PREMIÈRE DE TOUTES.

> « Pauvres paysans, pauvre royaume. »
> Dʳ François QUESNAY.

Monsieur le Rédacteur,

Le moment est opportun pour s'occuper de l'agriculture. S'il y a unanimité pour accuser ses souffrances, il y a diversité bien grande dans le choix des moyens conseillés pour lui venir en aide.

La crise agricole ne frappe pas seulement une classe intéressante et nombreuse du pays ; elle atteint plus ou moins directement l'universalité des industries et des citoyens. Cette grande vérité, — l'influence exercée par les intérêts agricoles sur tous les autres, — déjà pressentie par un célèbre économiste du dix-huitième siècle, est bien près d'être généralement reconnue aujourd'hui.

L'importance supérieure de l'agriculture, si énergiquement formulée par le docteur Quesnay, a maintenant acquis l'évidence d'un axiome ; elle pénètre toutes les intelligences.

L'agriculture, l'industrie et le commerce sont, en effet, trois grandes branches de l'activité humaine ayant entre elles le lien de parenté le plus étroit.

Tout ce qui contribue à la prospérité de l'une réagit nécessairement sur la prospérité des deux autres. C'est à confondre et non à diviser leurs intérêts qu'il faut s'attacher, parce qu'ils sont solidaires et non rivaux.

La solidarité des intérêts nous paraît être aujourd'hui une loi économique générale et absolue. Mais nulle part cette grande loi de l'avenir ne reçoit une plus éclatante démonstration que dans son application à l'agriculture, à l'industrie et au commerce.

Si grande que soit notre admiration pour les merveilles créées par l'industrie contemporaine, pour les tendances civilisatrices du commerce, notre prédilection reste cependant acquise à l'agriculture.

L'agriculture, a-t-on dit bien souvent, est le premier des arts. Sans doute, mais l'agriculture est aussi la première des industries.

En effet, comme l'industrie, l'agriculture ne crée-t-elle pas des produits tout différents de ceux qu'elle utilise?

Comme l'industrie, l'agriculture n'exige-t-elle pas des capitaux, et même de grands capitaux?

Comme l'industrie, l'agriculture, pour être prospère, n'exige-t-elle pas une comptabilité complète et sévère?

Comme l'industrie, l'agriculture n'a-t-elle pas besoin de crédit? Ne souffre-t-elle pas de la rareté des capitaux? Ne profite-t-elle pas de leur abondance?

Comme l'industrie enfin, l'agriculture n'a-t-elle pas besoin de débouchés? N'est-elle pas obligée de multiplier ses produits pour en diminuer le prix de revient? N'a-t-elle pas recours, en un mot, autant qu'elle le peut, au grand et fécond principe de la division du travail; à l'emploi des machines, toutes circonstances si profitables à l'industrie en général?

L'agriculture étant régie par toutes ces grandes lois économiques est donc bien évidemment une industrie.

Je dis plus : c'est qu'elle est la première de toutes.

Elle est la première par son but, puisqu'elle a pour objet d'assurer la subsistance des peuples, et de fournir à presque toutes les industries les matières premières dont elles ont besoin. Elle est la première aussi par les connaissances spéciales qu'elle exige, car elle demande le concours de toutes les sciences dans ce qu'elles ont de plus élevé.

Elle est la première encore par la difficulté, l'incertitude, la variabilité de ses opérations.

Elle est la première enfin par le nombre de ses travailleurs, puisque la France compte plus de vingt millions de cultivateurs.

On peut donc dire avec raison que l'agriculture est l'industrie mère, l'industrie par excellence, puisqu'elle tient sous sa dépendance toutes les autres, et que sa prospérité est de la première nécessité pour la grandeur du Pays.

Je suis, Monsieur le Rédacteur, etc.

Camp de Châlons, juin 1866.

DEUXIÈME LETTRE

DE L'IMPORTANCE DES CONNAISSANCES SCIENTIFIQUES EN AGRICULTURE

> « Il n'y a probablement aucun art
> » dans lequel une grande variété de
> » connaissances soit d'une plus haute
> » importance que dans l'agriculture. »
>
> Sir John SINCLAIR. *(Agriculture pratique)*

Monsieur le Rédacteur,

Si ce que j'ai essayé de démontrer est vrai, c'est-à-dire si les intérêts de l'agriculture sont prépondérants dans un Etat; s'ils sont intimement liés à tous les autres et notamment à ceux de l'industrie et du commerce; si, d'un autre côté, la carrière agricole est la plus générale et la plus difficile, il faut aussi logiquement admettre que l'enseignement agricole doit être le plus complet et le plus répandu.

Aucune profession n'a, mieux que l'agriculture, des problèmes nombreux et compliqués à résoudre. Le programme de l'enseignement agricole, pour répondre aux besoins actuels, doit donc contenir un ensemble de connaissances étendues et variées. La nécessité de l'enseignement agricole se fait tellement sentir en France que toutes les sociétés d'agriculture et les comices décernent des primes, non-seulement aux instituteurs qui donnent à leurs élèves les premières notions de la science agricole, mais encore aux jeunes gens qui ont le mieux profité de ces leçons. N'est-ce •pas là un indice certain des tendances du pays ? N'est-il pas temps que l'habitant des campagnes se rende compte des travaux qu'il entreprend chaque jour et qu'il exécute en quelque sorte machinalement, puisqu'il n'a point, pour le guider, ce flambeau du savoir qui transforme si rapidement les sociétés et contribue pour une si grande part au progrès de la civilisation ?

Instruire le travailleur des champs, le mettre au fait des secrets de la nature, lui montrer les merveilles de la création, et surtout lui apprendre le moyen de les approprier à son usage, n'est-ce pas lui procurer tout à la fois le pain de l'intelligence et le pain du corps ? N'est-ce pas le relever à ses propres yeux, lui donner la mesure de ses forces et de sa puissance ?

Quelle est la condition du campagnard dépourvu d'instruction ? C'est une misérable créature, une machine qui pioche et laboure la terre sans savoir pourquoi ; qui apporte des engrais sur le sol sans se rendre compte de la façon dont ils agissent sur les plantes et des effets qu'ils produisent ; qui voit la végétation se développer sans posséder aucune notion de physiologie végétale ; qui nourrit des animaux sans avoir la plus légère idée de leur organisation et de leurs fonctions vitales.

Qu'il reçoive de l'instruction au contraire, et aussitôt son imagination et son intelligence se développeront. Tous ces travaux auxquels il se livrait par nécessité et par habitude deviendront pour lui un sujet continuel d'observations et d'études. Il labourera dans de meilleures conditions, parce qu'il saura que la terre a besoin d'être émiettée le plus possible pour être soumise aux influences atmosphériques, et concentrer ainsi les éléments contenus dans l'air; il saura pourquoi il doit pratiquer des sarclages et des binages, et comment les herbes parasites nuisent aux plantes utiles en les privant des aliments qui leur sont destinés et en diminuant l'humidité du sol. Cet homme saisira mieux l'analogie existant entre le règne végétal et le règne animal; il verra que les plantes se nourrissent par les racines, par les feuilles; qu'elles absorbent, suivant leur nature, telle matière plutôt que telle autre, et il se mettra en mesure de préparer un engrais convenant à chaque plante, à chaque terrain.

Le paysan instruit comprendra que les instruments perfectionnés, que les machines exécutent ses travaux avec rapidité et avec économie. Il appréciera ses animaux de choix à leur juste valeur et les améliorera sans cesse par un choix judicieux de ses reproducteurs. Il se rendra parfaitement compte de la théorie des assolements et évitera ainsi de ramener les mêmes cultures trop fréquemment sur le même sol. Il se convaincra que les fourrages, les racines, les plantes industrielles doivent entrer largement dans les rotations culturales et qu'elles enrichissent l'exploitation.

Le cultivateur, dont l'intelligence aura été encore fortifiée par l'instruction, comprendra surtout que l'agriculture a besoin d'un capital suffisant pour acheter des animaux, des instruments, de bonnes semences, des engrais, pour opérer des travaux de drainage, d'irrigation et de desséchement. Il verra aussi que le plus riche n'est pas celui qui possède la plus grande étendue de terre, mais bien celui qui la cultive le mieux.

Au lieu de satisfaire une ambition mal entendue en augmentant la surface de son domaine, il donnera satisfaction à son ambition en améliorant ce qu'il possède, en suivant enfin un système rationnel d'agriculture.

En somme, le véritable agriculteur doit savoir :

Conserver la fertilité de ses terres, les débarrasser de leur excès d'humidité ;

Combattre leur excès de sécheresse ;

Quels sont les instruments agricoles les plus perfectionnés ;

Choisir le bétail le plus profitable à sa contrée ; l'entretenir de la manière la plus judicieuse pour qu'elle soit la plus productive ;

Reconnaître les plantes les mieux appropriées au sol et au climat de son exploitation ;

Exécuter ses travaux le plus parfaitement et le plus économiquement possible ;

Et assurer enfin la rentrée de ses récoltes même dans les saisons les plus défavorables.

Si l'on n'est pas entièrement convaincu des vérités que nous rappelons, que l'on compare deux paysans, l'un ayant en partage l'ignorance, le préjugé, la routine ; l'autre possédant une instruction suffisante, se rendant compte des opérations auxquelles il se livre, ayant goût à son métier parce qu'il le comprend.

Je le demande, quel est celui des deux qui fera fructifier le sol dans les meilleures conditions ? Quel est celui qui rendra le plus de services à la société !

A l'un: des landes stériles, des jachères, des terres mal cultivées, fumées parcimonieusement avec des engrais détestables; des récoltes mauvaises, payant tout au plus le travail ; des instruments primitifs sans puissance; un bétail malingre ne produisant aucun bénéfice.

A l'autre, au contraire: des cultures plantureuses, des assolements sagement combinés, des engrais préparés avec intelligence, des instruments parfaits, des animaux améliorés; une comptabilité régulière qui fournira des termes précieux de comparaison; des récoltes enfin qui solderont le travail et laisseront un bénéfice largement rémunérateur.

Ce n'est pas tout, l'agriculture se modifie avec le temps.

Elle ne reste pas stationnaire, c'est-à-dire toujours semblabl à elle-même.

Déjà elle n'est plus ce qu'elle était hier, et demain elle ne sera plus ce qu'elle est aujourd'hui.

Si elle concourt au progrès de la civilisation, à son tour la civilisation réagit sur elle.

C'est pourquoi il importe d'étudier attentivement les conditions qui l'entourent, parce que ces conditions nouvelles changent ou modifient continuellement les problèmes qu'elle a à résoudre.

L'agriculture a, croyons-nous, parcouru successivement trois périodes:

La première, qui peut être appelée locale ou provinciale;

La deuxième, nationale;

Et la troisième, qui ne fait que commencer, peut être appelée universelle.

Les deux premières périodes sont complétement achevées aujourd'hui.

La période locale remonte à l'origine des peuples et s'arrête à la Révolution. Avec elle, le but à atteindre était simple: assurer d'une manière plus ou moins parfaite la subsistance et la satisfaction des besoins les plus indispensables des habitants de la province ou de la contrée.

Pendant cette période, l'état des voies de communication ne permettait que des échanges limités entre des pays assez rapprochés.

C'est à partir de la Révolution que commence une période nouvelle, période qui finit au traité de commerce. Avec elle le rôle de l'agriculture s'était élargi : la vie locale fit place à la vie nationale et ne fut plus qu'un souvenir. C'est la nation et non la province qui a formé l'unité, l'être complet. Dès lors, dans chaque État, échanger les produits du nord contre ceux du midi, les produits de l'ouest contre ceux de l'est : telle a été, envisagée dans son sens le plus général, l'indication à remplir.

Pendant cette période, les tendances gouvernementales chez tous les peuples ont eu pour objet de soustraire chaque nation aux exigences étrangères, de protéger son industrie particulière, et de lui permettre enfin de suffire elle-même à tous ses besoins.

Pour obtenir ce résultat, il fallait protéger certains produits nationaux contre la concurrence étrangère, et généralement prohiber l'exportation des denrées nécessaires à l'alimentation publique.

Mais l'amélioration des routes, la création des voies ferrées dans les diverses contrées ayant pour ainsi dire supprimé les distances, tout cela a complétement déplacé les intérêts et amené ainsi le commencement d'une phase nouvelle pour l'agriculture.

Aujourd'hui que les barrières s'abaissent et que les produits de la France, par exemple, se répandent dans le monde entier en échange d'autres produits qui nous manquent, l'indication à remplir n'est plus la même qu'autrefois. Le mouvement économique en se continuant fera disparaître entièrement ce qui n'est encore qu'abaissé, et les transactions internationales en recevront un nouvel essor. La vieille préoccupation du passé, qui consistait à contenir telle production pour encourager telle autre, tombe dans un complet discrédit. Elle doit faire place à une formule nouvelle mieux appropriée à la situation actuelle : *produire le plus possible pour produire le plus économiquement possible.*

D'ailleurs cette indication n'est-elle pas tracée par la nature elle-même? Certains produits, qui demandent pour prospérer dans une contrée les plus grands efforts et les plus grands sacrifices, ne viennent-ils pas pour ainsi dire spontanément dans d'autres régions?

La supériorité agricole appartiendra désormais aux nations qui comprendront le mieux et le plus tôt ces vérités.

La mutualité universelle des échanges s'impose chaque jour de la façon la plus impérieuse. Une fois entré dans la pratique, le libre-échange n'est plus à la merci d'un décret de prohibition. Supposons qu'il intervienne cependant :

Le pays de production, ne trouvant plus l'écoulement de ses produits, ne sera-t-il pas aussi cruellement atteint que le pays de consommation lui-même?

Cette transformation générale de l'agriculture démontrée, voyons quelles en sont les conséquences au point de vue spécial de l'instruction agricole.

A n'en pas douter, cette situation nouvelle agrandit encore d'une manière considérable le domaine des connaissances déjà si variées que doit posséder l'agriculteur.

Hier, il nous suffisait de savoir produire telle ou telle denrée, sachant qu'elle devait être consommée sur place ou écoulée dans la contrée voisine.

Aujourd'hui, il faut plus : il nous faut encore connaître la situation et les ressources de contrées éloignées, assez indifférentes la veille, mais actuellement en communication directe avec nous par la création de ces merveilleux moyens de transport que nous possédons. Ce n'est pas seulement la situation économique de l'Europe qui nous intéresse, c'est celle du monde entier ; ce sont aussi les événements susceptibles de développer ou de troubler les productions les plus diverses.

Le rôle de la routine est donc fini à jamais, sous peine de déchéance. C'est à la science seule qu'il faut faire appel. Au reste, l'impulsion est donnée : nécessité fera loi.

Nous marchons à la vapeur, disait dernièrement un ministre de l'Empereur aux représentants du pays. Raison de plus pour qu'on répande largement l'instruction agricole, car la vapeur, comme toutes les forces puissantes, et plus peut-être qu'aucune autre, demande à être bien dirigée. Qu'on répande et qu'on perfectionne aussi l'instruction vétérinaire si intimement liée à l'autre ! La science agricole et l'art vétérinaire ont ensemble de si nombreux points de contact qu'ils se complètent réciproquement.

Nous verrions avec plaisir tous les jeunes vétérinaires être tenus, à leur sortie de l'école et avant l'obtention de leur diplôme, de faire un stage au moins d'une année dans une école d'agriculture. Cela leur permettrait de s'initier aux détails pratiques des opérations agricoles, qu'ils ignorent trop souvent pour le bien de leurs intérêts et .de ceux des agriculteurs. Ce complément d'études leur servirait autant, à coup sûr, que la connaissance pratique de la maréchalerie. Les difficultés que l'agriculture française doit résoudre sont très grandes. Pour y arriver, nous ferons sagement d'interroger souvent l'expérience et l'habileté pratique de nos voisins les Anglais, et aussi de méditer les remarquables paroles prononcées par lord Ashburton au meeting agricole de Glocester.

« Comme le marin, disait-il à ses compatriotes, vous
» luttez sans cesse contre les vicissitudes des éléments.
» Vous ne pouvez arrêter les déluges de pluie, mais
» vous écoulez par le drainage l'humidité surabon-
» dante; vous ne pouvez prévenir la sécheresse, mais
» vous pulvérisez la terre par vos machines à une telle
» profondeur, vous donnez une telle vigueur aux
» plantes par vos engrais, que vous la défiez ; vous ne
» pouvez empêcher la multiplication des insectes nui-
» sibles, mais vous pressez par des moyens artificiels
» la végétation de vos turneps de manière à leur
» échapper.

» Vous avez inventé des races d'animaux qui vous
» permettent de faire un bœuf dans vingt mois et
» un mouton dans quinze ; vous avez appelé la vapeur
» à vous aider dans votre œuvre, et la vapeur vous a
» obéi ; en un mot, vous avez ôté à l'agriculture son
» caractère empirique pour en faire la. première des
» sciences et le premier des arts, ralliant sous une
» direction unique, dans une intime coopération, les
» travaux du chimiste, du physiologiste et du méca-
» nicien. Oui, nous, les cultivateurs d'Angleterre, plus
» contrariés qu'aucune autre industrie par la nature,
» accablés en outre de lourdes charges, nous avons

» par notre courage et notre persévérance élevé notre
» profession au premier rang ; *nous avons fait de grands*
» *et généreux sacrifices, nous avons fait de plus grands*
» *progrès que ceux même qui nous les avaient demandés.* »
Je suis, Monsieur le Rédacteur, etc.

Camp de Châlons, juin 1866.

TROISIÈME LETTRE.

APERÇU HISTORIQUE SUR L'AGRICULTURE.

> Les pauvres habitants des campagnes, sans défense, livrés à l'exécrable tyrannie de leurs seigneurs, dont la férocité dans les campagnes égalait la lâcheté à la cour, étaient impunément outragés, pillés, battus, mutilés, égorgés et réduits à la plus abjecte soumission.
>
> DULAURE, Histoire de Paris, 444.
>
> Il n'y a point de pays où le paysan ait été plus misérable qu'en France : voilà la vérité.
>
> Correspondance
> de GRIMM et de DIDEROT. II, 183.

Monsieur le Rédacteur,

Si le célèbre Berzelius a pu dire avec quelque raison que l'on pouvait juger l'état de civilisation d'un peuple par la manière dont il travaillait le fer, à mon tour, je ne crois pas être téméraire en prétendant que la puissance d'un peuple est toujours en raison directe de la prospérité de son agriculture. J'ai déjà cherché à établir ailleurs que cette vérité tirait ses preuves de la nature même des choses, je veux démontrer aujourd'hui qu'elle est encore confirmée par les enseignements historiques.

En effet, tout se tient et s'enchaîne dans la vie des nations comme dans celle des individus.

L'histoire démontre que les peuples qui ont le plus

lourdement pesé sur le monde sont aussi ceux qui ont le plus encouragé l'agriculture, et que, chez un même peuple, les jours de prospérité et de détresse agricole ont toujours été suivis d'une période de puissance ou de décadence.

Les peuples anciens qui ont porté le plus haut et le plus loin leur génie et leur civilisation sont, assurément, les Egyptiens, les Grecs et les Romains. Eh bien! chacun de ces peuples a protégé et encouragé l'agriculture. On en trouve la démonstration partout, aussi bien dans les récits bibliques que dans l'institution des fêtes populaires, les pratiques et les cérémonies religieuses. Ces preuves, nous les trouvons encore dans l'importance de la population de chacun de ces peuples, dans l'étendue de leur commerce. Si ces derniers éléments de conviction ne constituent pas une démonstration rigoureuse, au moins peuvent-ils être considérés comme un indice. Mais ce qui indique surtout une prospérité agricole bien établie chez les peuples anciens, ce sont ces preuves pour ainsi dire écrites dans le sol lui-même; ce sont ces ruines gigantesques qui font encore aujourd'hui l'admiration des voyageurs qui parcourent les rives du Nil aussi bien que les bords du Gange. Est-ce que ces ruines n'attestent pas le génie créateur des générations anciennes qui ont passé sur ces terres fertiles? Est-ce que ces acqueducs, ces vastes canaux d'irrigation ne prouvent pas jusqu'à l'évidence combien ces habitants des vallées du Nil et du Gange avaient compris la puissance de l'eau sur la végétation? Peut-on demander quelque chose de plus convaincant? Assurément, nul ne saurait contester la signification de ces ruines. Elles prouvent surabondamment, suivant nous, que les Egyptiens comme les Indiens avaient su non-seulement contenir les eaux de leur fleuve, mais encore les faire servir à la fertilisation de leur patrie.

Il y a plus : les Egyptiens ne se contentaient pas d'assurer le progrès agricole par les constructions les plus gigantesques, ils honoraient aussi d'une manière spéciale ceux qui consacraient leur vie aux travaux champêtres.

Chacun sait que chez eux la société était divisée en castes ou tribus, et que chacune d'elles était bornée, de père en fils, à un emploi ou classe d'emplois particuliers. Ainsi, le fils d'un prêtre était nécessairement prêtre ; le fils d'un soldat, soldat ; le fils d'un laboureur, laboureur, etc... Dans l'un et dans l'autre pays, la caste des prêtres tenait le premier rang ; celle des guerriers, le deuxième ; celle des fermiers et des laboureurs venait ensuite. Cette classe de laboureurs était supérieure, dans la hiérarchie sociale admise par ces peuples, à celle des artisans et des commerçants. Elle venait immédiatement après celles qui avaient en quelque sorte un caractère sacré, puisqu'elles représentaient, aux yeux de ces générations, ce qui parle le plus à l'imagination de l'homme, Dieu et la patrie.

Plus tard, les Grecs héritèrent de la civilisation égyptienne pour la transmettre à leur tour aux Romains. Mais cette transmission ne fut pas complète. Avec les siècles, les idées changèrent ainsi que la condition des personnes. D'abord peu sensibles, ces changements altérèrent ensuite profondément la situation des personnes et des choses, au grand détriment de l'agriculture et des agriculteurs.

Les Grecs aussi bien que les Romains, en considérant tout travail manuel comme un signe de déchéance, en honorant exclusivement la gymnastique et les exercices militaires, firent descendre la classe agricole du rang élevé où elle avait été primitivement placée à la condition infime qu'elle occupait sous les Romains de la décadence.

C'est ainsi que, peu à peu, la culture des terres fut abandonnée aux esclaves, et que tout changea de face : alors les exigences du fisc et du possesseur du sol écrasèrent le malheureux laboureur et tarirent la production dans sa source.

La chute de la classe agicole fut complète.

Cette chute prouve une fois de plus combien les mœurs ont de puissance sur les institutions, et que rien n'est isolé dans la vie des nations. Nous allons voir encore de grands événements s'accomplir et la classe agricole se relever peu à peu, par une réaction lente, continue, contre l'odieuse institution de l'esclavage.

A ce moment déjà, aux premiers siècles de notre ère, la doctrine évangélique, quoique énergiquement condamnée dans la personne de son auteur et dans celle de ses premiers adeptes, avait fini son époque de crise pour entrer résolûment dans sa période de triomphe. Du mélange des générations énervées du monde païen avec les populations jeunes et vigoureuses du nord, naquit une société nouvelle, étrange mais rajeunie. L'esclavage, qui avait fait la base du vieux monde, était frappé à mort par les principes évangéliques. Si l'égalité réelle des hommes n'existait pas encore, du moins l'égalité théorique était proclamée, et faisait désormais la base des enseignements religieux. Aussi la condition de l'homme des champs va se relever ; il ne sera plus esclave, il sera serf. Ce n'est pas à dire pour cela que cette position nouvelle soit pour lui un grand adou_

2

cissement ; mais elle préparera l'émancipation des générations futures. Le serf souffrira encore bien souvent de rigueurs aussi cruelles qu'inutiles, mais du moins ces rigueurs aideront au rachat de sa race.

- Le servage est donc né de cette double circonstance : l'invasion et la prédication évangélique. Il ne fut d'abord qu'un esclavage modifié. Tel qu'il était, le servage était néanmoins un avantage réel sur l'esclavage, puisqu'il ne fermait point complétement, comme le dernier, la porte à tout progrès. Il a été un véritable état transitoire entre ce que nous voyons aujourd'hui et l'esclavage des anciens.

La transformation fut lente à s'opérer, puisqu'elle dura près de dix-huit siècles ; mais le progrès est toujours lent et ne s'enfante qu'au prix de la lutte.

La grande révolution religieuse prépara ainsi la révolution sociale. On peut même dire qu'elle contenait en germe l'affranchissement des communes et la grande révolution de 1789. Ces grands événements, bien que très éloignés en apparence, sont nés les uns des autres ; ils sont les anneaux d'une même chaîne.

Quelle était pendant la féodalité la condition du serf ?

Le serf était comme l'esclave la propriété d'un maître. Il ne travaillait que pour autrui. Il n'existait civilement que par la négation de ses droits. Il pouvait être vendu comme l'esclave, mais il ne pouvait être déplacé ; il ne changeait de maître qu'avec le domaine sur lequel il existait. Son sort était confondu avec celui du sol qu'il travaillait.

Cette condition du paysan était non-seulement humiliante, elle était aussi ruineuse ; son travail n'était pas plus libre que sa personne. Enfin le seigneur partait de ce principe, que son serf était taillable et corvéable à merci. Dès lors, qu'y a-t-il d'extraordinaire que, pour lui enlever le fruit de son labeur, il ait inventé les procédés les plus absurbes et les plus ridicules. Législateur et magistrat, le seigneur pouvait tout exiger, le paysan devait tout subir. Aussi vit-on établir les taxes les plus extravagantes pour ravir au malheureux serf tout le fruit de ses peines et de ses sueurs.

Présenter le tableau des misères endurées par le serf, c'est donc faire l'histoire de l'agriculture pendant la longue période féodale.

Les formes de l'impôt furent variées à l'infini par le seigneur et maître. Il n'est pas bien sûr que le serf ne dût pas payer pour l'eau qui tombait du ciel et pour les rayons de soleil qui faisaient pousser ses chétives moissons.

Ce qui est certain, c'est que l'abus fut porté à son comble.

Sans faire l'énumération des moyens ingénieux employés par le seigneur, je crois devoir dire un mot des charges principales qui ont si lourdement pesé sur le paysan au moyen âge.

De tous les impôts qu'il eut à payer, la taille est peut-être le plus ancien. Elle fut établie probablement vers ce temps de fer où les puissants seigneurs s'enorgueillissaient, vu leur haute extraction, de ne savoir signer qu'avec le pommeau de leur épée. Ce moyen primitif et simple de constater la libération des contribuables était bien digne d'eux. Quoi qu'il en soit, il est certain que la taille fut odieuse aux populations agricoles par l'abus qu'en firent les seigneurs. Cet abus, déjà grand dans le principe, augmenta encore avec le temps.

Aussi lorsque, dans le courant du douzième siècle, les cités se sentirent assez fortes pour lutter contre la tyrannie des seigneurs, essayèrent-elles de se soustraire aux exactions dont elles étaient l'objet. Elles poursuivirent leur but tantôt par la résistance armée, tantôt par le rachat de leurs redevances. Une fois assez fortes pour obliger le seigneur à compter avec elles, les cités échappèrent à peu près complétement à ses exigences financières. Mais ce dernier, voyant ainsi diminuer ses revenus, reporta sur les malheureuses campagnes, restées complétement à sa merci, le poids toujours plus écrasant des impôts. Les serfs des campagnes, beaucoup plus malheureux que ceux des villes, subirent toutes les volontés et tous les caprices de leurs maîtres. L'affranchissement des villes eut donc pour résultat direct d'alourdir encore les charges qui pesaient sur les pauvres Jacques.

Après la taille vint la corvée; elle ne fut guère moins dure ni moins onéreuse. Ce n'était pas assez pour le serf de satisfaire à tous les travaux de son seigneur, il fallait encore qu'il s'accommodât de toutes ses extravagances. Qui ne sait qu'on l'obligeait tantôt à chanter des chansons gaillardes, tantôt à exécuter des danses excentriques? Qui ne sait qu'on le forçait à battre la nuit l'eau des étangs pour assurer le sommeil du seigneur?

Qu'on juge du fardeau accablant des corvées par la requête que les malheureux jacques adressèrent en 1773 à l'autorité souveraine:

« Très gracieux, très compatissant Empereur, disaient-ils, quatre jours de corvée par semaine, le cinquième à la pêche, le sixième il faut suivre le seigneur, le septième est consacré à Dieu, jugez, empereur très magnanime, s'il nous est possible de payer les impôts et la taille. »

Aux impôts de la taille et de la corvée il faut ajouter celui des banalités.

La violence fut l'origine de ce droit comme elle avait été l'origine de tous les autres. Au douzième siècle, les exactions étaient poussées si loin et la dépopulation était si grande que, pour y remédier, des moulins et des fours banaux furent établis par les seigneurs. Les paysans furent astreints à s'en servir et à payer une redevance. Qu'on se représente la misère du malheureux serf, tenu par la volonté du maître, de parcourir quelquefois une distance de cinq lieues, — lorsqu'il était sur les limites de la circonscription, — pour jouir des établissements banaux. A quelles fatigues, à quels périls n'était-il pas exposé !

Une autre variété d'impôt qui fût encore bien détestée du peuple, c'est la gabelle. Etablie vers le quatorzième siècle, elle dura jusqu'à la Révolution et fit endurer aux malheureux serfs les plus dures privations. Grâce à elle, le paysan manqua très souvent du sel nécessaire à la préparation et à la conservation de ses aliments.

La terreur que la Gabelle inspirait aux pauvres *ahaniers* fut telle, qu'ils se la représentaient comme un être réel, un vampire insatiable.

Ainsi que le dit M. Eugène Bonnemère. « Ils lui » avaient donné un corps comme à ces fantastiques » visions qui peuplent les ténèbres pour l'enfant » ignorant et peureux. »

« Un jour, dans ce grand siècle de Corneille, de Mo- » lière, de Pascal et de La Fontaine, le bruit se répandit » dans un village de Bretagne, qu'il y avait au presby- » tère un monstre inconnu, indéfinissable, toujours en

» mouvement quoique immobile en apparence, et qui
» se tenait dans une sorte de guérite fixée à la muraille,
» où il agitait de droite à gauche une longue queue,
» respirant avec un bruit sec et mécanique, faisait en-
» tendre parfois et jusque dans la nuit une voix qui
» rappelait le chant monotone du coucou printanier; et
» ensuite sonnant comme la clochette de la messe avec
» régularité mais sans uniformité. Les uns l'avaient vu,
» d'autres entendu seulement, d'autres enfin vu et en-
» tendu de leurs yeux et de leurs oreilles. On s'interroge,
» on s'inquiète, on se rassemble; tous les *bonnets bleus*
» s'échauffent, chacun saute sur son bâton et tous
» marchent en rangs pressés vers le presbytère. Le
» curé s'avance pour savoir la cause de cette nouvelle
» jacquerie.

   » Monsieur le curé, dit l'un d'eux, c'est la Gabelle qui est
» chez vous, nous le savons bien, et nous voulons la tuer.»

Le curé comprend que ce n'est pas le moment des
longues démonstrations scientifiques :

   « Eh! non, mes enfants, vous vous trompez; ce
n'est pas la Gabelle, c'est le Jubilé! »

A ce mot l'émeute se découvre le front et se prosterne
à genoux.

   « Or, la gabelle qu'ils avaient voulu assommer, le
» jubilé devant lequel maintenant ils récitaient leur
» chapelet, c'était une pendule que le curé avait fait
» venir de la ville. On ne connaissait point cela dans le
» pays (Mme de Sévigné). Quel besoin le paysan avait-il,
» en effet, de connaître la marche du temps, qui pour
» lui ne marchait pas, et qui semblait dormir immobile,
» sans faire descendre jusqu'à lui un seul de ces progrès
» dont il semait les germes dans les cités ? »

Chose étrange et presque incroyable ! Pendant qu'au

moyen âge le seigneur avait le plus profond mépris pour la vie des pauvres serfs, il était plein de sollicitude à l'égard des bêtes sauvages. Le paysan était ainsi ravalé au-dessous de la brute. Il aurait payé cher le manquement aux ordres du maître, s'il s'était permis d'éloigner de ses récoltes le gibier qui les dévastait. Cet abus était si profondément enraciné dans les mœurs, que l'histoire rapporte que le bon roi Henri lui-même, resté si populaire malgré de graves défauts, renouvela les Ordonnances de François Ier, édictant la peine de mort contre les paysans coupables de défendre leurs champs contre les déprédations des animaux sauvages. Et pourtant c'est ce même roi qui voulait que le paysan pût mettre la poule au pot le dimanche. Il défendit aussi, afin de laisser multiplier le gibier, de faucher toute terre avant la Saint-Jean. Qu'était-ce alors de retarder les travaux des champs, de compromettre la rentrée des fourrages ? ne fallait-il pas avant tout assurer les plaisir des grands ?

En rappelant toutes ces énormités, notre intention n'est pas de les rejeter entièrement sur l'institution féodale seule ; une grande part en revient sans doute à l'ignorance, à la superstition, à la barbarie de cette malheureuse époque.

Bien comprise, la Féodalité aurait peut-être répondu aux besoins du temps ; malheureusement les hommes chargés d'en interpréter l'esprit valaient infiniment moins encore que l'institution.

Pendant tout ce temps, le fanatisme et la superstition n'ont point cessé de régner souverainement sur les malheureuses populations. Bien heureuses si elles y ont trouvé la résignation nécessaire pour supporter les maux dont elles étaient accablées.

La Féodalité n'a pas toujours été identique à elle-même; elle s'est modifiée, transformée peu à peu jusqu'au moment où, devenue impossible, elle a dû disparaître. A ce moment, elle a expié en partie les maux qu'elle avait causés, et cette expiation, si regrettable qu'elle soit au point de vue humanitaire, a été bien plus son œuvre que celui de quelques-uns.

Le progrès, avec cette institution, a été uniquement le résultat du temps et de la force des choses. Il est en quelque façon sorti de cette rivalité séculaire d'intérêts entre le souverain et les seigneurs. Il est né de leur lutte, ce que ni les uns ni les autres ne prévoyaient, la grande émancipation du peuple.

Il est difficile aujourd'hui de se représenter quelle devait être la détresse de nos campagnes pendant le règne féodal, quand, à la misère ordinaire, venaient se joindre des calamités fortuites et imprévues, comme les guerres civiles, les dissensions religieuses. Souvent alors l'œuvre de la destruction était poursuivie et complétée par la famine et par la peste.

Qu'était donc devenu le génie de la France pendant cette longue période? Ce génie n'était point anéanti; cependant, si comprimé qu'il fût, il avait encore quelques éclairs. Mais, qu'était-ce, en présence de ce qu'il a pu depuis et de ce qu'il aurait pu déjà alors, si les ténèbres de la féodalité ne l'avaient pas empêché de se faire jour ?

Heureusement une chose sublime et vraiment bien consolante vient reposer l'esprit. Le patriotisme n'a jamais disparu du sol français ; il s'est surtout conservé dans ce peuple si misérable des campagnes. Quand les jours de détresse ont permis à l'étranger d'envahir le sol sacré de la patrie, c'est lui et non la noblesse qui a le mieux payé l'impôt du sang. Pendant que des gentilshommes parlementaient pour vendre leur soumission aux Anglais, les Jacques, n'écoutant que leur courage, se levaient en masse pour défendre leurs foyers menacés. On vit plus encore : une pauvre fille du peuple, sans instruction, élevée au milieu des troupeaux, prit dans ses mains robustes l'étendard de la France et le porta toujours vaillamment. Son patriotique exemple arracha son roi à l'oisiveté, à la mollesse, et assura le départ des Anglais. Est-ce qu'il est dans les temps anciens une gloire aussi pure que celle de Jeanne? Est-ce que cette illustre fille, sortie des rangs du peuple, ne jette pas un éclat incomparable sur la France, sur ces braves populations des campagnes qui, après l'avoir élevée, se sont rangées sous sa bannière.

Ainsi le plus ingrat envers la patrie ne fut point le paysan, bien qu'il ne connût de la vie que les peines et les douleurs; ce fut au contraire celui qui en connaissait toutes les joies et toutes les délices. Ce peuple des campagnes, si grand dans son patriotisme, avait aussi la mémoire du cœur. Quelle reconnaissance n'a-t-il pas vouée à ce roi qui s'est occupé de ses intérêts, à ce bon Henri enfin ? Ce souverain eut la la bonne fortune d'avoir un habile ministre pour seconder ses intentions et exécuter ses volontés. Ce ministre, c'est Sully. C'est sous son règne que fut publié en France le premier traité d'agriculture. La publication d'un ouvrage de ce genre fut dans notre pays un véritable événement. En publiant son *Théâtre d'agriculture* et *Mesnage des Champs*, Olivier de Serres rendait un double service à l'agriculture. D'abord son livre contient d'excellentes instructions ; en outre, il avait l'avantage de rompre avec les préjugés du temps.

Chacun le sait, Olivier de Serres était un gentilhomme

dégoûté de l'effrayant spectacle des luttes religieuses. Il est difficile aujourd'hui de se faire une idée du courage qu'il déploya en bravant la crainte du ridicule qui devait alors poursuivre un gentilhomme laboureur. Heureusement, pour le succès du livre, et peut-être pour la sécurité de l'auteur, que le Souverain de la France daigna en accepter la dédicace. Quand Henri IV n'aurait accompli que cet acte de haute sagesse, il aurait droit à la reconnaissance de la postérité. Mais il introduisit encore d'autres réformes importantes dans ses États.

C'est un fait certain que l'amélioration des campagnes va de pair avec l'ordre et l'économie dans les finances. Le roi, l'ayant compris, fit remise aux paysans des tailles arriérées; il diminua celles qui existaient encore; il défendit aux seigneurs de lever des impôts arbitraires; il protégea les campagnes contre les violences et les rapines des gens d'armes; enfin il fit révoquer bon nombre de lettres de noblesse gracieusement accordées par son prédécesseur aux bourgeois enrichis et vaniteux. Ces anoblissements n'étaient point isolés; ils étaient si nombreux, que la seule province de Normandie en comptait trois cents pour sa part.

Qu'on ne s'y trompe pas, ce n'était pas chose indifférente pour les populations rurales que ces satisfactions accordées à l'amour-propre des parvenus. La noblesse, à cette époque, n'était pas seulement honorifique; elle déchargeait aussi le vilain devenu noble du devoir de concourir aux charges de l'État; de sorte qu'à chaque anoblissement le poids de l'impôt retombait plus lourd sur le pauvre peuple.

Telles sont les principales améliorations réalisées

dans nos campagnes par le roi Henri IV et son digne ministre Sully.

Ces améliorations ne sont pas les seules qu'ils avaient rêvées. Ils se proposaient encore de diminuer le nombre des fêtes chômées ; mais l'opposition du clergé fut si vive sur ce point, qu'ils furent contraints d'y renoncer.

Cependant, les gens d'église ne gagnaient pas à la profusion des fêtes tout ce qu'y perdaient les paysans. Mais ces abus étaient les profits du clergé. Le temps triompha enfin de cette résistance. Il fallait que l'abus des fêtes religieuses fût bien grand, pour que l'archevêque de Paris pût en supprimer, en 1666, dix-sept d'un seul coup. En somme, le gouvernement de Henri IV permit donc à la France de cicatriser ses plaies les plus vives, celles que lui avaient faites les guerres de religion, et de se préparer à supporter, un demi-siècle plus tard, le poids de toute l'Europe, pour la satisfaction du sot orgueil du plus exigeant des potentats.

Nous avons dit que Henri IV avait opéré le retrait d'un grand nombre de lettres de noblesse. C'était là une mesure profitable aux campagnes, sans doute, puisque l'adjonction de nouveaux nobles restreignait le nombre des contribuables sans diminuer les impôts ; mais nous ne pouvons nous empêcher d'y voir un précédent regrettable auquel auront trop souvent recours ses successeurs pour remplir leurs coffres épuisés. Outre que cette mesure ne brillait pas par une grande honnêteté, elle avait pour effet d'éteindre dans toutes les classes les notions les plus élémentaires du droit, notions qu'il aurait fallu développer, au contraire. Malgré cela, nous verrons croître sans cesse le nombre des bourgeois assez vaniteux pour acheter la noblesse, parce que, comme nous l'avons déjà dit, la noblesse donnait tout à la fois honneur et profit.

Pendant que la France se débattait si péniblement dans les horreurs des guerres religieuses, l'Italie jouissait d'une brillante civilisation; elle cultivait les lettres et les arts; elle développait son agriculture et son commerce. L'agriculture surtout y avait atteint un éclat encore loin d'être soupçonné dans notre pays. On y imprimait même des traités sur la matière; on y per-fectionnait le vieil assolement de Charlemagne par la suppression de la jachère au profit des cultures four-ragères. C'est que l'Italie souffrit beaucoup moins que la France des querelles religieuses.

La partie remuante et fanatique des catholiques fran-çais n'avait pas complétement pardonné à Henri IV son origine huguenote. Elle l'avait plutôt subi qu'accepté, et il se trouva un exalté qui crut faire une œuvre méri-toire en assassinant ce grand roi.

Mais l'heureuse impulsion donnée à la France lui sur-vécut, et son successeur profita de l'habile adminis-tration dont sa sagesse avait doté la France.

Après Louis XIII apparaît le règne le plus long de notre histoire, le plus rempli de faits, le plus fécond en grands hommes. Quelle a été l'influence de Louis XIV sur la prospérité des campagnes? Ce n'est pas assu-rément sortir des limites de la vérité que de dire qu'elle a été désastreuse. Cette influence fut désastreuse dans le présent, car les souffrances des paysans furent sans bornes; elle fut désastreuse aussi pour l'avenir, parce que l'influence malsaine de la cour de Louis XIV s'est continuée longtemps après lui. Si la France brilla par l'éclat de ses victoires, le nombre et la variété de ses grands hommes, sa médaille eut un bien triste revers.

Que de malheurs causés par l'orgueil sans bornes de son roi! Que de prodigalités insensées ! .

On peut dire que ce monarque a contribué plus qu'aucun autre peut-être à la grande rénovation sociale qui devait enlever à sa race le sceptre de la France.

Un de ses ministres, Colbert, fit pour l'industrie ce que Sully avait entrepris pour l'agriculture. Chacun de ces deux grands hommes fut incomplet. Il est incontestable que pendant les dernières années de ce puissant souverain la misère des campagnes atteignit les limites les plus extrêmes. Ce fait est si bien hors de doute, que des historiens comme Saint-Simon et des prélats comme Fénelon, l'ont attesté. Si on veut avoir une idée de la détresse des populations agricoles, écoutons le recit de la Bruyère.

« On voit, dit-il, certains animaux farouches, des
» mâles et des femelles, répandus par la campagne,
» noirs, livides et tout brûlés par le soleil, attachés à
» la terre qu'ils fouillent avec une opiniâtreté invin-
» cible; ils ont comme une voix articulée, et quand ils
» se lèvent sur leurs pieds, ils montrent une face hu-
» maine, et en effet ils sont des hommes; ils se retirent
» la nuit dans des tanières, où ils vivent de pain
» noir, d'eau et de racines; ils épargnent aux autres
» hommes la peine de semer, de labourer et de re-
» cueillir pour vivre, et méritent ainsi de ne pas manquer
» de ce pain qu'ils ont semé.

» Il faut des saisies de terres et des enlèvements de
» meubles, des prisons et des supplices, je l'avoue;
» mais justice, lois et besoin à part, ce m'est une chose
» toujours nouvelle de contempler avec quelle férocité
» les hommes traitent d'autres hommes. »

Le fléau de la courtisanerie, si nuisible à tous les souverains, fut tout puissant à la cour de Louis XIV. Il était pour ainsi dire impossible de représenter à ce roi ce qu'il y avait à faire pour guérir les maux de son royaume.

Cette rude tâche fut cependant entreprise par l'illustre maréchal Vauban, l'homme de ce temps le plus compétent pour bien comprendre les réformes urgentes que réclamait l'administration générale du royaume. Il en fut victime. Les flatteurs, toujours si intéressés à la conservation des abus, représentèrent au vieux roi que les projets de Vauban, mis à exécution, porteraient une atteinte considérable à son autorité et à celle de ses ministres. C'en fut assez. Le malheureux maréchal alla expier dans l'exil et la disgrâce la loyauté de ses intentions et l'amour du bien public. C'est ainsi que les intérêts agricoles furent délaissés, et que le temps seul fut chargé de réparer tous les maux.

Louis XIV laissa le royaume épuisé entre les mains d'un enfant et à la discrétion d'un prince beaucoup plus avide de satisfaire son ambition et ses passions que de travailler au bien-être de la nation. Aussi le déficit financier, au lieu de diminuer, alla s'augmentant sans cesse. Tous les expédients les plus indignes furent à l'ordre du jour ; on spécula sur tout, même sur la vie du peuple.

Sous le successeur de Louis XIV, on vit non-seulement les déréglements de mœurs les plus abominables, mais encore la cruauté la plus infâme, celle qui consiste à affamer les malheureux. La France, entièrement mise aux abois par des calamités de tout genre, ne trouva dans la royauté de Louis XV aucune compensation. Elle fut aussi humiliée au dehors qu'elle était misérable au dedans. La famine ne quittait plus les campagnes; elle y était pour ainsi dire à l'état chronique.

Ce fut Louis XVI qui recueillit cette funeste succession. L'histoire rapporte qu'il était animé des meilleures intentions. De plus, ce monarque eut l'heureuse fortune de posséder pour le seconder l'un des plus grands hommes qu'ait vu naître la France, le ministre le plus complet, le plus habile, le fameux Turgot. Cet homme célèbre avait toute la science économique de Sully et de Colbert sans en avoir les préjugés. D'abord intendant du Limousin, Turgot avait vu de près les maux dont mourait le royaume. Il savait aussi quel remède y apporter. Il présenta au roi un plan complet de réformes qui ne put, grâce aux manœuvres sourdes et intéressées des courtisans, être mis à exécution.

Louis XVI manqua alors de l'énergie nécessaire pour sauver la France en extirpant des abus enracinés depuis des siècles et arrivés à leur comble. Les événements ne tarderont pas à lui faire expier cette faiblesse et le tort grave de n'avoir point suivi ses propres inspirations en faisant passer dans le domaine des faits une révolution urgente et légitime déjà accomplie dans les idées.

En quoi consistaient les réformes proposées par Turgot?

Ces réformes consistaient principalement dans:

1º L'abolition des corvées par tout le royaume;

2º La suppression des gabelles et des garennes;

3º L'égale répartition des impôts au moyen du cadastre;

4º Le rachat progressif du servage et des rentes féodales;

5º L'unité des poids et mesures ;

6º La conversion des deux vingtièmes de la taille en un impôt territorial sur la noblesse et le clergé ;

7º La suppression des maîtrises et des jurandes ;

8º La liberté religieuse et la rédaction d'un code civil.

Qui le croirait ? L'homme de bien qui proposait toutes ces sages mesures fut accusé de vouloir porter atteinte à la propriété, et, devant cette terrible accusation, son beau projet de réforme ne fut plus considéré que comme l'œuvre d'un factieux. Tout s'évanouit. Ce qui rend l'aveuglement des puissants de ce temps plus incompréhensible et plus impardonnable, c'est le succès pratique qu'avait eu l'administration de Turgot dans sa province du Limousin, où ce grand ministre avait essayé en petit ce qu'il voulait appliquer à toute la France.

Tout fut mis en œuvre pour calomnier, pour éloigner cet homme de progrès, et ses idées furent qualifiées *d'innovations roturières d'un charlatan d'administration.*

Cependant, ces réformes, qu'on repoussait si hautement et avec tant de dédain, ne devaient plus longtemps frapper à la porte. Elles devaient même se réaliser promptement et passer définitivement du domaine de l'utopie où on se plaisait à les reléguer dans celui des faits pratiques.

On le voit, les hautes classes avaient en général assez peu de goût pour ces nouveautés ; la royauté, tout en les voulant, doutait de sa puissance pour les accomplir. Il fallait que le peuple vînt à son tour affirmer qu'elles étaient devenues indispensables.

On l'obligea à la Révolution.....

Cette France, que nous voyons aujourd'hui dans une

admirable unité, était alors, en apparence du moins, fort divisée. Ses différentes provinces ne supportaient pas d'une manière égale et uniforme les charges de l'État. Tandis que quelques-unes avaient une administration particulière et privilégiée, d'autres supportaient les plus lourdes charges. Tout y était confusion pour la perception de l'impôt comme pour l'application des lois. Notre grande unité nationale n'existait pour ainsi dire qu'à l'état latent, et attendant l'occasion favorable pour s'affirmer.

Tout ce que nous avons déjà dit peut faire pressentir quel devait être l'état de nos voies de communication sous l'ancienne monarchie. La corvée, si multipliée qu'elle fût, était impuissante pour assurer le bon entretien des chemins.

Les premières grandes routes de la France remontent à l'époque de la domination romaine. On trouve encore aujourd'hui des traces de leur existence et de leur origine. Au moyen âge, elles tombèrent dans un abandon à peu près complet; Philippe-Auguste ordonna pourtant de faire des réparations aux chemins existant sur son domaine royal, domaine bien restreint si on le compare à l'étendue actuelle de l'Empire français.

L'importance de la viabilité ne fut véritablement bien comprise en France qu'à partir de Henri IV, qui nomma son ministre Sully aux fonctions spéciales de *grand voyer*.

Sous Louis XIV, les routes furent encore fort négligées. Il faut bien le croire quand on entend Madame de Sévigné s'extasier si fort sur la diligence et la fidélité de la poste, parce qu'elle ne mettait que neuf jours pour lui apporter, de la Provence à Paris, des nouvelles de sa chère fille.

Cet état de choses se continua sous Louis XV. Ce qu'étaient alors les routes de la France est raconté par Voyer d'Argenson, à propos de l'arrivée de la reine.

« Je n'oublierai jamais, dit Voyer d'Argenson, l'hor-
» reur des calamités que l'on souffrit en France lorsque
» la reine Marie Leczinska y arriva. Une pluie con-
» tinuelle avait ruiné la récolte, et la famine était encore
» accrue par la mauvaise administration du gouver-
» nement.

» En ce moment, il s'agissait des moissons et des
» récoltes de toutes sortes qu'on n'avait pas encore
» ramassées à causes des pluies continuelles. Le pauvre
» laboureur guettait un moment de sécheresse pour les
» recueillir. Cependant il était occupé d'une autre
» manière. On avait fait marcher les paysans pour rac-
» commoder les chemins où la reine devait passer, et
» ils n'en étaient que pires, au point que Sa Majesté
» faillit plusieurs fois se noyer. On retirait son carosse
» d'un bourbier à force de bras, comme on pouvait.
» Dans plusieurs gîtes, elle et sa suite nageaient dans
» l'eau qui se répandait partout, et cela malgré les
» soins infinis qu'y avait donnés un ministère tyran-
» nique.

» Les chevaux et les équipages étaient sur les dents.
» On avait commandé les chevaux des paysans à dix
» lieues à la ronde pour tirer les bagages. Les seigneurs
» et les dames de la suite, voyant leurs chevaux
» harassés, prenaient goût à se servir des misérables
» bêtes du pays. On les payait mal, et on ne les nour-
» rissait pas du tout. Quand les chevaux commandés
» n'arrivaient pas, on faisait doubler la traite aux che-
» vaux du pays dont on était saisi. J'allai me promener
» un soir, après dîner, sur la place de Sézanne. Il y eut

» un moment sans pluie. Je parlai à de pauvres pay-
» sans; leurs chevaux tout attelés passaient la nuit en
» plein air.

» Plusieurs me dirent que leurs bêtes n'avaient rien
» mangé depuis trois jours. On en attelait dix là où on
» en avait commandé quatre. Jugez combien il en périt!
» Notre subdélégué commanda dix-neuf cents chevaux
» au lieu de quinze cents qu'on lui demandait, par la
» sage précaution d'un officier qui craint que le service
» ne manque sous son commandement. »

Tel était, peu de temps avant 1789, l'état de la vici-
nalité en France.

Je viens de résumer l'histoire de l'agriculture en faisant celle du paysan.

Qu'y avait-il à espérer de malheureux traînant une
si misérable existence? Rien absolument. Il fallait, pour
le progrès de l'agriculture, un changement complet des
choses ; il fallait, en un mot, la *révolution*.

Aussi, malgré les troubles terribles qu'elle déchaîna
sur la France, malgré les longues guerres qui la sui-
virent, quel bien-être, combien de progrès n'a-t-elle
pas assurés? Mais tout n'est pas fait, il reste même
encore beaucoup à faire. Ce tableau du passé n'est pas
sans utilité ; il nous permet de mesurer la distance par-
courue, et peut-être aussi y trouverons-nous des enseignements utiles à la réalisation des progrès agricoles
que nous poursuivons.

Je suis, Monsieur le rédacteur, etc.

Camp de Châlons, juin 1866.

QUATRIÈME LETTRE

SITUATION ACTUELLE DE L'AGRICULTURE FRANÇAISE.

> » Le morcellement des propriétés, dû à
> » la Révolution de 1789 et à la législation
> » sur les héritages, constitue la France en
> » un pays de moyenne et de petite agricul-
> » ture. »
>
> Th. LAVALLÉE.
> (Description spéciale de la France.)

Monsieur le Rédacteur,

Il est impossible de se faire une idée exacte de l'agriculture française sans l'étudier au moins au triple point de vue des ressources de son sol, de ses moyens d'exploitation et de la quantité de ses produits.

Le domaine agricole de la France se composait, avant l'annexion des trois nouveaux départements, de 50,614,973 hectares représentant environ une surface de 25,623 lieues carrées.

Etudié dans l'ensemble de sa constitution géologique, le sol français offre un certain nombre de régions naturelles différant essentiellement les unes des autres et des cinq grands bassins hydrographiques. Ces régions, constituées par des terrains de nature diverse, possèdent des caractères physiques particuliers qui ont une influence directe sur la culture des végétaux et indirecte sur les animaux et les populations qui les habitent.

Le territoire français possède la plus grande variété

de terrains. Ceux d'alluvion se trouvent principalement dans le nord, la Vendée, la Limagne, les vallées des grands fleuves et les côtes méditerranéennes.

Le climat général de la France, quoique tempéré, n'est cependant pas uniforme. Il est soumis à des variations de température suffisantes pour être subdivisé en cinq grandes régions ou climats secondaires qui sont: le climat vosgien, le climat séquanien, le climat rhodanien, le climat girondin, et le climat méditerranéen ou provençal. Chacune de ces dénominations indique assez à quelle partie de la France correspond chacun d'eux.

Les productions de la France sont, comme ses terrains, aussi très variées. Sous ce rapport on reconnaît plusieurs zones assez distinctes les unes des autres sans avoir pourtant une précision mathématique.

Au point de vue agricole, rien n'est plus intéressant à connaître que la situation de la propriété.

L'égalité des enfants dans les successions, conséquence de la révolution, a beaucoup multiplié le nombre des propriétaires ruraux. Sous l'ancien régime, les représentants des ordres privilégiés, le clergé et la noblesse, possédaient à peu près les deux tiers du sol. Aujourd'hui le nombre des propriétaires n'est pas loin de huit millions.

Il est évident que la division de la propriété a une influence directe et profonde sur le mode d'exploitation, et il serait intéressant de connaître exactement quelle est l'étendue territoriale occupée par la grande, la moyenne et la petite culture. Nous n'avons encore sur ce point que des données remontant à une date déjà assez éloignée, données que nous avons empruntées au rapport fait par M. le comte de Casabianca au sénat, sur le projet de code rural. Les mêmes documents ont été depuis reproduits par M. le baron de Veauce dans les discours qu'il a prononcés au Corps législatif sur la liberté de tester.

De ces documents, il résulte que, au 1er janvier 1851, il y avait en France :

7,846,000 propriétaires;
12,393,366 propriétés ;
126,000,000 parcelles.

C'est donc plus de 16 parcelles par propriétaire ; sur les 7,846,000 propriétaires, 3,000,000 ont dû être exempts de la contribution personnelle, la plupart pour cause d'indigence.

La grande propriété ne fait pas nécessairement la grande culture ; les cultures se répartissent à leur tour de la manière suivante :

Grande culture. .... 5,814,000 d'hectares,
Moyenne.................. 24,784,000   —
Petite.................... 11,212,000 . —

La France est donc le pays du morcellement par excellence. Les uns soutiennent que cet état de choses est heureux ; les autres qu'il est on ne peut plus regrettable. A l'appui de leur opinion, les premiers invoquent l'abondance des produits donnés par la petite culture. Ils prétendent même que la grande culture est moins productive pour une surface donnée. Quoique ce dernier fait ne soit pas rigoureusement démontré, il me semble que, quand même il le serait, il n'ajouterait pas une grande force à l'opinion que les défenseurs de la petite culture cherchent à faire prévaloir. J'admets ce point contestable, savoir : que la petite culture, comparée à la grande, favorise plus la multiplication des produits agricoles, et je prétends néanmoins qu'il n'est pas certain pour cela qu'elle soit la plus *avantageuse*. En effet, il faut tenir compte, dans l'un et l'autre cas, des sacrifices faits, des dépenses imposées. C'est cet élément nouveau, mais capital et décisif, qui domine toute la question. Que sont quelques produits de plus ou de moins, si, pour les obtenir, il a fallu dépenser un capital en argent ou en travail hors de proportion avec la valeur qu'ils représentent. L'agriculteur doit se diriger d'après les mêmes raisons que l'industriel puisque, somme toute, il est surabondamment demontré que l'agriculture est une industrie. Ce qu'il faut considérer avant tout, ce n'est pas le produit brut, c'est le prix de revient. Tout est là.

Sans doute, la division du sol a été un progrès sur le passé. A quoi servirait de le méconnaître, quand ses avantages parlent si haut et sont sous les yeux de tous. Sans doute encore, elle a multiplié, stimulé les intérêts et provoqué ainsi une meilleure répartition de la richesse. Mais s'ensuit-il qu'elle n'ait pas dépassé le but en nous donnant un morcellement sans limite? Les inconvénients de l'émiettement du sol paraissent aujourd'hui évidents à beaucoup de bons esprits fort attachés du reste aux principes de 89. Il est possible d'admettre la vérité de ce fait sans être conduit pour cela à proposer ou à accepter des mesures contraires à la base de notre droit civil dans ses parties les plus essentielles, sans regretter aussi les errements du passé. A l'heure qu'il est, ce serait, croyons-nous, rendre un immense service à l'agriculture française, que de lui indiquer un *moyen pratique* de reconstituer la grande culture sans violer nos principes égalitaires.

S'il est incontestable que la division de la propriété a fait faire un pas considérable à l'agriculture actuelle, comparée à celle d'autrefois, cependant il serait absurde de prétendre que ce que nous voyons est le dernier mot du progrès, et que nous sommes désormais condamnés à rester stationnaires ou à peu près.

Ce qui condamne surtout la petite culture, ce qui la constitue à l'état d'infériorité marquée, c'est sa persistance, disons mieux, c'est son impuissance à n'utiliser jamais ou très peu le travail des machines pour s'en tenir toujours au seul travail de l'homme. Or, qui peut le nier ? La force humaine employée comme puissance motrice est la plus coûteuse de toutes. Les choses ont changé au dix-neuvième siècle : la force musculaire de l'homme n'est rien ou peu de chose, c'est sa force intellectuelle qui est tout. Il s'est opéré un déplacement pour chacune d'elles ; la force physique est descendue à la place modeste qui lui appartient et qu'elle gardera définitivement.

Mais, dira-t-on encore, à quoi bon parler du morcellement du sol puisqu'il est irrémédiable, et que nous ne pouvons le changer sans porter atteinte à nos principes. Il est le fruit de notre révolution, et nous en respectons trop les principes pour vouloir porter sur elle une main sacrilége.

Après tout, nous avons assez profité des avantages qu'elle donne pour ne point nous plaindre de cet inconvénient, si toutefois c'en est un. En conséquence, le morcellement de la propriété nous convient par respect pour son origine.

A cela il est facile de répondre. D'abord, discuter les inconvénients de la subdivision indéfinie du sol n'est pas se montrer irrévérencieux envers les immortels principes de 89 ; signaler un inconvénient qui nous paraît démontré n'est pas faire à l'égard de ces principes acte d'hostilité.

Ce que nous voulons dans cette question, c'est qu'on mette les principes de la révolution hors de cause ; c'est qu'on s'entende et qu'on reconnaisse enfin comme un fait vrai que l'émiettement du sol est nuisible à l'agriculture française.

Quelle est l'influence exercée par le morcellement indéfini du sol sur le progrès agricole ? C'est là un point sur lequel il est essentiel de s'entendre ; car si, l'émiettement de la propriété était décidément reconnu nuisible, on serait provoqué à rechercher quels sont les meilleurs moyens d'annihiler ces mauvais effets de notre système égalitaire.

On pourrait peut-être ainsi détruire le mal tout en conservant les avantages de nos lois de succession. Ces moyens une fois proposés, nous pourrions les méditer, les discuter, les rejeter même, s'ils nous semblent mauvais, et les accepter au contraire, s'ils nous paraissent efficaces. Au moins nous aurions l'avantage, par la position de la question, d'en avoir provoqué l'examen. Toute question demande, pour être résolue, à être d'abord bien posée et débarrassée de tout alliage étranger. Bien poser une question, c'est-souvent à moitié la résoudre. Qu'on en finisse donc avec celle du morcellement ? Il y a en France des sociétés savantes qui ont intérêt à fixer l'opinion, et surtout à l'éclairer.

Qu'elles provoquent donc la lumière en mettant cette importante question à l'étude et à la discussion ? Qu'on sache enfin ce que vaut la subdivision indéfinie de la propriété ? Quels sont ses inconvénients et quelle est leur gravité ? Il n'y a pas de question plus vitale que celle-là. Sa solution intéresse au plus haut degré l'avenir de l'agriculture française et domine tous les problèmes qu'elle a actuellement à résoudre. Cette solution est même indispensable pour assurer sa marche avec une vitesse digne de notre siècle et de nos puissants moyens de transformation.

Nous possédons quelques renseignements qui peuvent faire pressentir quel est notre sentiment sur la valeur du morcellement poussé à ses extrêmes limites. Nous avons eu la bonne fortune, pendant que nous étions en garnison à Versailles, d'asister à une conférence agricole de M. Bella. L'opinion de l'honorable directeur de Grignon est très défavorable à ce qui existe actuellement en France ; à l'appui de ses arguments, M. Bella nous a cité des chiffres très intéressants que nous avons bien regretté de ne pouvoir retenir à une simple audition. Mais, encouragé par la bienveillance si connue de l'honorable directeur, nous lui avons écrit pour les avoir en communication, et nous les consignons ici, dans la pensée qu'ils intéresseront quelque peu les lecteurs de *L'Union*.

Nous profitons aussi de cette occasion pour adresser nos remercîments à M. Bella.

Dans la conviction que le morcellement du sol en France est un obstacle au progrès de l'agriculture, M. Bella s'est donné la peine de rechercher quelle était la situation de la propriété foncière dans les localités voisines du lieu qu'il habite. Pour donner le plus d'autorité possible à ses recherches, il demanda, dans cette circonstance, le concours des personnes qui, par la nature de leurs occupations connaissent le mieux le mouvement de la propriété.

Après avoir contrôlé très minutieusement les renseignements qu'il avait recueillis, après les avoir vérifiés, l'honorable directeur de l'Ecole de Grignon a pu dresser le tableau suivant :

NOMS DES COMMUNES	Nombre d'Hectares.	Nombre de Parcelles.	Articles fonciers.	Moyenne par propriétaire	Moyenne de l'étendue de chaque parcelle.
Orgeval	1,470	7,826	920	8	18 ares 78
Les Alluets-lè-Roi	715	2,435	330	7	29 » 36
Crépières	1,450	5,597	488	11	25 » 90
Davron	531	1,078	146	7	49 » 25
Morainvilliers . .	713	4;646	549	8	15 » 56
Thiverval	633	3,148	434	7	20 » 10
	5,512	24,730	2,867	8	26 ares 49

Il résulte du tableau qui précède que l'étendue moyenne de nos parcelles ne doit pas dépasser 26 ares 49 centiares.

M. Bella a poussé plus loin encore ses recherches, et il est arrivé à démontrer que, en supposant que le corps de ferme se trouve au milieu des terres formant l'exploitation, les frais de transport étant de 42 0/0 des frais généraux, le morcellement du sol obligeait à quatorze fois plus de charriage le cultivateur placé dans ces conditions. Ce n'est pas tout : Si le charriage est quatorze fois plus considérable, par voie de conséquence, l'usure des chemins et des véhicules sera également quatorze fois plus grande ; le temps des hommes et des animaux augmentera aussi dans la même proportion.

Il ne faut pas croire que la situation de la propriété foncière aux environs de Grignon soit exceptionnelle.

Malheureusement pour le progrès de l'agriculture, on peut dire que, à peu de chose près, cette situation est générale en France. Qui oserait nier qu'un pareil état de choses influe sensiblement sur les frais de production et augmente notablement le prix de revient. Le prix de revient est capital pour l'industrie agricole comme pour toutes les autres. L'indication qui les domine toutes, c'est de l'abaisser à sa dernière limite, car la production de telle denrée qui cesse d'être rémunératrice dans les conditions présentes, le serait encore si, avec moins de frais, on avait pu obtenir la même quantité de produits.

Quand même le morcellement n'aurait que l'inconvénient d'augmenter les frais de production, il serait nuisible à un très haut degré. Nous n'exagérons rien en affirmant qu'il a des torts encore beaucoup plus graves. Non-seulement il occasionne mille contestations entre les riverains, il limite le développement des machines, mais encore il s'oppose à toute modification dans les assolements actuellement en usage, assolements qu'il serait souvent avantageux de remplacer.

Les voies de transport sont aussi pour l'agriculture de la plus haute importance. Leur bon entretien permet la diminution des attelages, l'emploi des engrais, facilite l'écoulement des denrées : toutes circonstances qui assurent la multiplication des produits et l'abaissement de leur prix de revient.

De notre temps, les voies ferrées ont pris une prodigieuse importance. Elles ont apporté dans les pays qu'elles ont traversés un accroissement extraordinaire de richesses. Aussi le gouvernement fait-il les plus louables efforts pour poursuivre leur achèvement sur tout le territoire de la France. Dernièrement encore le Corps législatif votait une loi sur les chemins de fer destinés à compléter le système général de nos réseaux. Les populations comprennent aujourd'hui combien elles sont intéressées à poursuivre le développement de toutes nos voies de communication.

Le tableau suivant fait connaître très complétement quelle est aujourd'hui leur étendue générale. Nous l'avons extrait des documents officiels qui ont été soumis au Corps législatif à propos de la discussion de la loi sur les chemins de fer d'intérêt local.

Longueurs des routes impériales, — des routes départementales, — des chemins vicinaux de grande communication.

DÉPARTEMENTS.	Longueurs des chemins de fer concédés.	Longueurs des routes impériales.	Longueurs des routes déparles.	Longueurs des chemins vicinaux de grande communication
	kil. m.	kil. h.	kil.	kil.
Ain.	289.034	451.0	618	1,030
Aisne.	368.940	611.6	671	1,393
Allier.	342.024	499.7	239	1,677
Alpes (Basses). . .	98.000	331.7	710	329
Alpes (Hautes). . .	168.100	361.5	84	458
Alpes-Maritimes . .	89.205	333.1	234	449
Ardèche.	246.530	487.3	842	277
Ardennes.	246.660	386.3	211	768
Ariége	53.784	287.7	329	453
Aube	270.131	378.8	303	505
Aude.	222.271	367.4	640	607
Aveyron	270.712	580.1	770	757
Bouches-du-Rhône .	329.878	285.0	323	305
Calvados	266.190	439.1	684	909
Cantal	184.894	375.7	368	580
Charente.	171.138	349.9	539	1,033

DÉPARTEMENTS.	Longueurs des chemins de fer concédés.	Longueurs des routes impériales.	Longueurs des routes déparles.	Longueurs des chemins vicinaux de grande communication
	kil. m.	kil. h.	kil.	kil.
Charente-Inférieure	215.334	432.1	626	1,700
Cher	200.580	492.1	621	624
Corrèze.	108.359	368.0	432	1,051
Corse.	» »	1,080.1	77	470
Côte-d'Or.	388.795	709.3	727	642
Côtes-du-Nord . . .	167.210	479.2	556	1,347
Creuse	141.871	342.8	408	955
Dordogne.	323.778	368.0	1,026	1,563
Doubs	250.696	306.3	536	1,209
Drôme	180.712	316.6	352	733
Eure	257.316	461.3	790	1,440
Eure-et-Loir	204.807	378.8	502	1,321
Finistère.	214.134	419.8	490	1,088
Gard	286.683	498.6	666	622
Garonne (Haute). .	317.852	343.6	816	1,011
Gers	145.893	419.2	605	1,512
Gironde.	417.599	391.5	782	1,474
Hérault.	328.633	361.3	481	921
Ille-et-Vilaine . . .	224.925	723.2	517	1,128
Indre.	112.078	404.1	592	777
Indre-et-Loire . . .	229.443	315.5	1,219	515
Isère	375.038	538.0	760	707
Jura	237.205	344.3	467	993
Landes.	250.602	450.5	319	877
Loir-et-Cher	196.819	305.6	456	447
Loire.	266.550	328.3	428	502
Loire (Haute). . . .	239.053	316.0	469	393
Loire-Inférieure . .	204.325	573.2	532	2,232
Loiret.	413.902	437.1	523	1,360
Lot.	142.461	277.6	618	1,205

DÉPARTEMENTS.	Longueurs des chemins de fer concédés.	Longueurs des routes impériales.	Longueurs des routes déparles.	Longueurs des chemins vicinaux de grande communication
	kil. m.	kil. h.	kil.	kil.
Lot-et-Garonne . . .	206.840	365.3	450	785
Lozère	47.900	390.5	· 643	407
Maine-et-Loire . . .	183.577	567.4	827	994
Manche.	117.816	375.3	644	1,108
Marne	362.849	589.9	545	671
Marne (Haute). . .	266.728	408.2	301	728
Mayenne.	110.737	479.1	531	844
Meurthe	250.896	423.5	644	663
Meuse	206.653	507.6	429	878
Morbihan.	183.251	592.9	297	1,114
Moselle.	388.181	467.3	366	760
Nièvre	365.596	470.0	631	799
Nord	509.525	586.3	511	855
Oise	321.588	601.1	842	563
Orne	282.330	457.7	385	1,200
Pas-de-Calais. . . .	398.732	687.2	463	. 2,132
Puy-de-Dôme. . . .	163.150	461.8	501	543
Pyrénées (Basses) .	147.972	417.8	656	848
Pyrénées (Hautes) .	178.232	357.3	200	803
Pyrénées-Orientales	106.759	331.4	133	402
Rhin (Bas)	248.395	331.7	610	369
Rhin (Haut).	252.176	348.5	413	464
Rhône	191.121	235.4	396	772
Saône (Haute) . . .	300.018	300.2	463	665
Saône-et-Loire. . .	354.138	585.8	830	1,032
Sarthe	289.287	402.5	586	855
Savoie	173.784	340.8	363	566
Savoie (Haute). . .	85.800	298.9	153	515
Seine.	175.577	117.1	164	130
Seine-Inférieure . .	357.227	590.2	849	2,324

DÉPARTEMENTS.	Longueurs des chemins de fer concédés.	Longueurs de routes impériales.	Longueurs des routes déparles.	Longueurs des chemins vicinaux de grande communication
	kil. m.	kil. h.	kil.	kil.
Seine-et-Marne. . .	326.344	516.2	1,042	2,165
Seine-et-Oise. . . .	516.101	743.7	800	667
Sèvres (Deux). . . .	154.154	462.9	336	931
Somme.	257.438	620.4	577	963
Tarn	201.516	330.4	862	838
Tarn-et-Garonne. .	139.920	254.9	667	386
Var.	167.182	270.4	535	799
Vaucluse	213.817	156.0	580	242
Vendée.	220.873	537.0	362	2,641
Vienne	211.464	383.8	474	1,421
Vienne (Haute). . .	169.163	372.3	339	1,103
Vosges	131.373	284.2	677	890
Yonne	330.415	532.7	824	1,526
	kil. m.	kil. h.	kil.	kil.
Totaux.	20,876.739	38,262.4	47,852	81,429

Les routes et les chemins de fer ne sont pas les seules
voies de communication qui intéressent l'agriculture.
Malgré l'établissement des voies ferrées, la navigation
a conservé un rôle considérable en France. Si les premières assurent la rapidité des transports, les secondes,
c'est-à-dire les voies navigables, en assurent l'économie ;
et qui pourrait nier qu'en agriculture cette dernière
condition, — l'économie des transports, — n'est pas
très souvent dominante?

Les fleuves et les canaux offrent donc une précieuse
ressource pour le transport des engrais et des matières
encombrantes.

Toutes les rivières navigables appartiennent à l'Etat ;

le transport des marchandises est assujetti à certains droits destinés à en assurer l'entretien. La mission du Gouvernement consiste donc à maintenir le bon état de ces voies, à les améliorer, soit en exécutant des travaux d'art reconnus nécessaires, soit en augmentant leur largeur et leur profondeur où le besoin s'en fait sentir. Toutes ces rivières ont été en outre reliées entre elles par un système de canaux artificiels.

Le nombre total des cours d'eau naturels en France s'élève à 174 (non compris les simples ruisseaux). En outre 151 canaux viennent compléter ce riche réseau de voies navigables.

Voici quelle est actuellement la longueur de ces différentes artères intérieures :

Rivières navigables.	8,631 kil.
Rivières flottables.	2,864 kil.
Canaux	4,910 kil.
Total.	16,405 kil.

Un rapport de M. Rouher, du 25 février 1860, fait connaître que le mouvement commercial n'est pas également réparti entre toutes les rivières ; qu'il est au contraire concentré pour les trois quarts sur 1,800 kilomètres seulement, un cinquième environ de la longueur totale des rivières.

Tous les départements ne sont pas également bien dotés sous le rapport des voies navigables naturelles ou artificielles. Quelques-uns en sont même complétement dépourvus, comme le département d'Eure-et-Loir, par exemple. En 1854, les chiffres révélés par la statistique officielle de la France faisaient ressortir un total général de 14,554 kilomètres de voies navigables, se décomposant pour chaque département de la manière suivante :

DÉPARTEMENTS.	RIVIÈRES NAVIGABLES.	CANAUX.	TOTAL.	DÉPARTEMENTS.	RIVIÈRES NAVIGABLES.	CANAUX.	TOTAL.
Ain.	319	4	323	Gironde	381	35	416
Aisne.	150	185	335	Hérault.	20	132	152
Allier.	191	95	286	Ille-et-Vilaine .	161	75	236
Alpes (Basses).	»	»	»	Indre.	»	»	»
Alpes (Hautes).	»	»	»	Indre-et-Loire .	162	35	197
Ardèche	148	»	148	Isère.	265	»	265
Ardennes. . . .	173	111	284	Jura	94	40	134
Ariége	4	»	4	Landes.	203	21	224
Aube.	65	32	97	Loir-et-Cher . .	106	69	175
Aude.	»	165	165	Loire.	134	31	165
Aveyron	85	»	85	Loire (Haute) .	17	»	17
Bouches-du-Rhône . .	80	56	136	Loire-Inférieure	261	95	356
Calvados	132	15	147	Loiret	130	160	290
Cantal	14	»	14	Lot.	225	»	225
Charente. . . .	93	»	93	Lot-et-Garonne	262	92	354
Charente-Inférieure . .	203	73	276	Lozère	»	»	»
Cher	225	268	493	Maine-et-Loire.	380	»	380
Corrèze.	84	»	84	Manche.	165	42	207
Corse.	»	»	»	Marne	195	161	356
Côte-d'Or. . . .	88	157	245	Marne (Haute) .	12	»	12
Côtes-du-Nord .	79	73	152	Mayenne. . . .	85	»	85
Creuse.	»	»	»	Meurthe	48	144	192
Dordogne. . . .	323	15	338	Meuse	87	96	183
Doubs	»	135	135	Morbihan. . . .	122	191	313
Drôme	159	»	159	Moselle.	80	»	80
Eure	171	»	171	Nièvre	174	183	357
Eure-et-Loir. . .	»	»	»	Nord	256	241	497
Finistère. . . .	115	81	196	Oise	65	104	169
Gard	103	98	201	Orne.	»	»	»
Garonne (Haute) .	183	84	267	Pas-de-Calais. .	107	121	228
Gers	10	»	10	Puy-de-Dôme .	129	»	129

DÉPARTEMENTS.	RIVIÈRES NAVIGABLES.	CANAUX.	TOTAL.	DÉPARTEMENTS.	RIVIÈRES NAVIGABLES.	CANAUX.	TOTAL.
Pyrénées (Basses) . .	108	»	108	Sèvres (Deux) .	65	18	83
Pyrénées (Hautes) . .	»	»	»	Somme.	34	156	190
Pyrénées (Orientales) .	»	»	»	Tarn	70	»	70
Rhin (Bas) . . .	232	129	361	Tarn-et-Garon^{ne}	138	69	207
Rhin (Haut) . .	82	118	200	Var.	»	»	»
Rhône	123	9	132	Vaucluse. . . .	67	»	67
Saône (Haute) .	65	»	65	Vendée.	118	14	132
Saône-et-Loire .	290	144	434	Vienne.	50	»	50
Sarthe	145	»	145	Vienne (Haute)	»	»	»
Seine.	71	23	94	Vosges	»	»	»
Seine-Infér^{re} . .	243	119	362	Yonne	104	150	254
Seine-et-Marne.	149	50	199	Total. . . .	9,839	4,715	14,534
Seine-et-Oise. .	156	3	159				

Sous le rapport de l'exploitation, les voies navigables de la France se divisent de la manière suivante :

Cours d'eau à l'Etat exploités par l'Etat. . . . 14,899 kil.
Cours d'eau à l'Etat concédés temporairement. 826
Cours d'eau à l'Etat concédés à perpétuité . 602
Cours d'eau à des particuliers. 78

Total. . . . . 16,405 kil.

Trois des grands canaux de la France, exploités autrefois par des compagnies, ont été rachetés par l'Etat, ce sont :

Le canal du Rhône au Rhin, le canal de Bourgogne et celui des Quatre-Canaux. Le rachat des canaux par l'Etat est avantageux en ce sens qu'il substitue l'intérêt général à l'intérêt étroit d'une compagnie. L'Etat, qui n'a pas, comme une société d'actionnaires, la préoccupation de réaliser de gros bénéfices pour donner de forts dividendes, permet des réductions de tarifs sur les marchandises transportées par les canaux dont il a l'exploitation. Son ambition se borne à couvrir ses frais d'entretien et ses dépenses. Il résulte des réductions de tarifs accordées par l'Etat des transactions plus nombreuses qui réagissent sur la richesse générale du pays. Cette multiplication des échanges serait bien plus grande encore si les diminutions de tarifs faisaient un jour place à leur abolition, si, en un mot, les voies navigables : fleuves, rivières ou canaux étaient complétement assimilés à nos routes de terre.

Si la situation de la propriété et des voies de communication intéresse l'agriculture au plus haut degré, il faut convenir que l'état général de la population ne l'intéresse pas moins.

En 1851, la population totale de la France était évaluée à environ trente-six millions d'habitants se répartissant de la manière suivante.

Agriculteurs.	20,351,628
Manufacturiers	2,094,371
Artisans	7,810,144
Professions libérales	3,991,026
Domestiques.	753,505
Divers	780,954
Total.	35,781,628

A son tour la population rurale se décomposait comme il suit :

Cultivateurs propriétaires.	6,159,284
— fermiers	3,588,311
— métayers.	1,412,037
— journaliers.	6,122,747
— domestiques.	2,748,263
— bûcherons	320,986
Total	20,351,628

Ces chiffres prouvent qu'en France la population agricole ou rurale est plus nombreuse que la population urbaine.

Aujourd'hui l'équilibre tend à s'établir entre ces deux populations, et même peut-être, le mouvement se continuant, la population des villes primitivement moindre deviendra-t-elle prépondérante?

On s'est beaucoup préoccupé de ce fait dans ces derniers temps ; on l'a surtout envisagé au point de vue de la disette des bras dans nos campagnes et de la difficulté chaque jour croissante d'y recruter le nombre de travailleurs indispensables à l'exécution des travaux agricoles. Quelques-uns l'ont étudié aussi à un point de vue plus élevé, l'avenir de la Société. On a même été jusqu'à prétendre que ce mouvement de dépopulation des campagnes était un signe de la décadence de notre temps, qu'il signifiait un pronostic fâcheux.

Le défaut d'équilibre provenant du mouvement d'émigration qui porte nos travailleurs des champs vers les villes produit, à la vérité, des troubles passagers très désagréables pour ceux qui en ressentent directement les effets; mais il serait déraisonnable de lui attribuer tout ce que des imaginations fantaisistes ont bien voulu y voir.

L'existence de la dépopulation des campagnes au profit des villes étant certaine, voyons d'abord quelle en est l'intensité?

Depuis vingt ans, — de 1846 à 1861, — la population française a subi les modifications suivantes :

Villes de 5 à 10,000 âmes, accroissement:	8,76 %
— de 10 à 20,000 âmes: —	42,10 %
— de 20,000 âmes et au dessus: —	60,46 %
Communes rurales, diminution: —	1,18 %

On le voit, chaque jour modifie le rapport qui existe entre la population rurale et la population urbaine. Il n'était plus en 1861 ce qu'il était en 1846, et tout autorise à penser qu'il sera différent demain de ce qu'il est aujourd'hui. Voici les chiffres révélés par la statistique :

	1846	1861
Population urbaine.........	24.42	28.86
Id. rurale..........	75.58	71.14

Le mouvement d'émigration des campagnes vers les villes est donc réel et considérable. On s'est demandé quelles étaient les causes directes de ce mouvement. Je crois que toutes ces causes, en apparence fort nombreuses, se réduisent à une cause unique : le désir naturel à l'homme d'améliorer sa situation, d'augmenter son bien-être. C'est même là plus qu'un désir, c'est un droit. Il ne faut donc point accuser l'habitant des campagnes d'ingratitude envers son village, car ce qu'il fait aujourd'hui, il a essayé de le faire à toutes les époques. Si autrefois l'émigration des campagnes a moins attiré l'attention, il faut en chercher le motif bien plus dans les difficultés que rencontrait le villageois pour se fixer à la ville que dans la satisfaction qu'il éprouvait à mourir près de son clocher. Il y a un ou deux siècles, qu'aurait été chercher le pauvre campagnard dans le séjour des villes ? Il ne pouvait briguer que les emplois de la domesticité et encore lui fallait-il pour cela une sorte de demi-élégance qui lui manquait trop souvent. Il devait donc bon gré mal gré faire son deuil de toute prétention plus élevée. La difficulté de trouver à la ville des moyens d'existence rendait donc forcément le paysan fidèle à son village.

Cet obstacle n'est pas le seul qu'il avait à vaincre.

L'ouvrier sûr de trouver de l'occupation devait aussi lutter contre les difficultés d'un long voyage ; et, autrefois, qui pourrait nier que ces difficultés ne fussent considérables ? Ainsi donc, sûreté et rapidité dans les transports, garantie d'un travail plus largement rémunérateur, au moins en apparence, telles sont, à nos yeux, les deux principales circonstances qui favorisent la dépopulation des campagnes au profit des villes. A ces deux circonstances il faut en ajouter une troisième, l'entraînement de l'exemple. Tous ces faits démontrent surabondamment l'existence d'une situation économique nouvelle, complétement différente de l'ancienne.

Le seul remède efficace à opposer à un pareil état de choses, c'est d'élever la position de l'ouvrier champêtre à la hauteur de celle de l'ouvrier des villes, afin que toute tentation disparaisse. Il faut que le travailleur de l'agriculture soit, sous le double rapport du bien-être et des jouissances intellectuelles, l'égal du travailleur de l'industrie. Après tout, est-ce là une prétention insensée, excessive ? Pourquoi des hommes ayant souvent une même origine, et assurément les mêmes droits, n'auraient-ils pas les mêmes prétentions pour la rémunération de leur travail ? Dans le passé, la surabondance des bras dans les campagnes par suite de l'agglomération de la population s'opposait tout naturellement à la hausse des salaires. Il en résultait un avilissement réel dans le prix du travail. La démoralisation dont on fait si souvent injure à notre temps n'a donc rien à voir dans cette question, et les esprits pessimistes peuvent se rassurer. Pour nous, nous croyons que la dépopulation des campagnes est le fruit naturel d'une situation économique nouvelle que l'on est trop souvent porté à rapprocher de l'ancienne, parce qu'on ne veut pas assez comprendre la distance qui les sépare.

Le malaise dont on se plaint aujourd'hui n'est que transitoire ; il disparaîtra quand la transformation sera entièrement accomplie.

Sans doute on peut objecter que, à bien voir les choses, la position de l'ouvrier dans les campagnes n'est pas inférieure à celle qu'il trouve dans les villes, parce que, si dans les villes il a un salaire plus élevé, en revanche il a des dépenses proportionnellement plus fortes. Peut-être même cet avantage apparent disparaît-il entièrement si on tient compte des éventualités redoutables qu'il a à craindre, celle du chômage par exemple, tandis que l'ouvrier des champs n'a rien de pareil à redouter. J'admets toutes ces réflexions. Mais il faut cependant bien convenir d'une chose, c'est que si l'avantage de la vie champêtre était si évident, l'ouvrier, plus intéressé que tout autre, à bien voir, et plus préoccupé que qui que ce soit d'améliorer sa position, finirait bien par s'en apercevoir. Qui mieux que l'intéressé doit comprendre ce qu'il lui faut? Son intérêt ne commande-t-il pas sa compétence. Quoi qu'on en dise, je ne puis croire que les ouvriers de nos jours vaillent moins que leurs pères. Ils sont ce que la situation nouvelle qui les régit veut qu'ils soient. Aucun temps n'a vu comme le nôtre une si profonde et si merveilleuse transformation des idées et des choses. Soyons équitables, et nous reconnaîtrons que ce que nous critiquons souvent avec tant de vivacité est, en dernière analyse, à la gloire de notre époque.

Ce qui rend la désertion des campagnes si pénible pour l'agriculture française, plus pénible même que pour aucune autre, c'est l'imperfection évidente de ses moyens d'exploitation. Nous nous plaignons chaque jour de l'insuffisance des travailleurs, et dans aucun pays le nombre des agriculteurs n'est plus élevé, comparé à l'ensemble de la population. Si le travail agricole en France est si mal rétribué, si les bénéfices sont notoirement insuffisants, il faut bien plus en accuser les vices de notre système général d'exploitation que les désirs immodérés de nos travailleurs.

L'agriculture de nos jours se ressent trop de son passé. Parce qu'elle a jusqu'ici trouvé dans l'abondance des bras le moyen de négliger la puissance des machines, il ne faut pas qu'elle croie que sa situation est éternelle. La nécessité le prouve. Cette nécessité que l'on croyait encore bien loin hier s'affirme aujourd'hui de la façon la plus impérieuse.

C'est là une vérité absolue qu'il faut comprendre. Nous venons de dire que nos moyens d'exploitation étaient imparfaits; qu'ils n'étaient pas en harmonie avec nos nouvelles conditions économiques. En effet, il est certain que la petite culture est dominante en France. N'est-ce pas elle qui immobilise tout : les façons culturales, le mode d'assolement? N'est-ce pas elle qui, par sa force d'inertie, s'oppose le plus à l'introduction des instruments perfectionnés, à l'exécution des grands travaux de drainage et d'irrigation ? N'est-ce pas elle qui conserve l'assolement triennal malgré ses désavantages évidents dans des localités où il serait avantageusement remplacé par celui de Norfolk ?

Il est vrai que le paysan français est laborieux, qu'il ne s'épargne pas la peine; mais nous aimerions mieux, quant à nous, le voir diriger plus avantageusement sa prodigieuse activité. Puisque le travail est la première source de richesse, pourquoi ne recourt-il pas davantage à ces merveilleuses machines qui multiplient le travail, en attendant qu'elles le rendent, sinon attrayant, peut-être moins pénible.

Est-ce que c'est la petite culture qui se préoccupe le plus de la fabrication économique des engrais? de leur conservation? Est-ce que c'est elle qui demande au commerce ses précieux agents de fertilisation? Non certainement; à l'imperfection de son instruction professionnelle elle ne sait opposer qu'une chose : son opiniâtreté dans le travail.

Voyons maintenant quels sont les produits de l'agriculture française?

« Le domaine agricole de la France, dit M. Moreau de Jonnès, dans une statistique fort complète qu'il a publiée en 1848, se compose de 50,614,968 hectares, représentant une surface de 25,617 lieues carrées moyennes. Il est divisé ainsi qu'il suit :

	hectares.	lieues carrées.
1° Les cultures, y compris les prairies artificielles	20,891,288 —	10,570
2° Les vergers et pépinières. . . .	766,573 —	388
3° Les pâturages, jachères et prés.	20,152,556 —	10,202
4° Bois et forêts	8,804,551 —	4,457
Total.	50,614,968 —	25,617

» La production agricole annuelle présente les résultats suivants :

Céréales et pailles	3,327,006,410 fr.
Vignes, vins, eaux-de-vie, cidre, bière.	646,388,501
Cultures diverses.	914,956,140
Prairies artificielles, foin.	203,705,169
Revenu brut des cultures	5,092,056,220 fr.

Prairies naturelles.	462,598,243 fr.
Pâtures et pâtis	91,910,760
Jachères	92,285,902
Revenu brut des pâturages	646,794.905 fr.
Bois et forêts.	206,600,525 fr.
Pépinières, vergers	76,657,800
Revenu brut des bois et forêts. . .	283,258,325 fr.
» En somme totale	6,022,109,450 fr.

» Cette immense richesse, dit encore M. Moreau de Jonnès, est formée exclusivement des productions végétales provenant de la culture ou croissant naturellement. Les animaux domestiques n'y sont pas compris. Les neuf dixièmes en sont dûs au travail de la population agricole, et le sol, à l'état naturel, n'a comparativement qu'une faible valeur.

» Cette somme énorme de 6 milliards, qui se renouvelle chaque année avec des variations presque insensibles, est le double de la quantité totale de numéraire existant en France.

» Elle n'est nullement établie d'après des hypothèses, des évaluations arbitraires, des termes fictifs. C'est le résultat final d'une exploration qui s'est étendue depuis les guérets du plus humble village jusqu'aux riches cultures du Nord, du Bas-Rhin et de la Seine-Inférieure, et qui embrasse dans ses recherches la valeur des ajoncs épineux du Morbihan, comme des belles moissons de Seine-et-Oise.

» En rangeant ses principaux produits agricoles, d'après la richesse que donne actuellement leur culture, il y a lieu de leur assigner l'ordre suivant :

1.	Froment	1,324,189,591 fr.
2.	Paille de toutes sortes	761,767,460
3.	Prairies naturelles, foins.	462,598,000
4.	Vignes, vins	441,398,000
5.	Avoine	362,413,000
6.	Seigle.	355,551,000
7.	Prairies artificielles, foins	203,765,000
8.	Bois et forêts.	206,600,000
9.	Pommes de terre.	202,106,000
10.	Méteil.	173,004.000
11.	Orge	165,146,000
12.	Jardins . . , ...	157,094,000
13.	Jachères, herbes	92,285,000
14.	Pâturages et pâtis	91,910,000
15.	Chanvre. . . . . , . . .	86,287,000
16.	Maïs.	86,155,000
17.	Cidre	84,422,000
18.	Pépinières et vergers.	76,657,000
19.	Sarrasin.	61,389,000
20.	Vins, eaux-de-vie	59,059,000
21.	Bière	58,036,000
22.	Lin	57,507,000
23.	Colza	51,127,000
24.	Mûriers.	42,779,000
25.	Betteraves	28,979,000
26.	Oliviers, ...	22,776,000
27.	Châtaigniers	13,528,000
28.	Garance.	9,343,000
29.	Tabac.	5,484,000
30.	Autres cultures.	»»

» On voit par cette table que le froment est l'objet capital de l'agriculture : sa valeur annuelle égale tous les revenus de l'Etat. Les pailles forment une richesse dont la valeur est moitié de celle du blé.

» C'est un fait qui ne laissera pas que de surprendre

ceux qui apprécient ce produit par les usages domestiques auxquels on l'emploie. Nos prairies, quoiqu'elles soient loin de la situation améliorée qu'on réclame pour elles, donnent un produit plus grand que celui de nos vignobles.

» Le rapport annuel des bois et des forêts n'est pas plus considérable que la valeur du produit des prairies artificielles, et il est déjà égalé par la richesse que donne la culture des pommes de terre. Les jardins se rapprochent du produit que fournit la plus vieille des céréales, l'orge. Les jachères et les pâtis, dont la surface est dix fois aussi grande que celle des prairies artificielles, rapportent beaucoup moins qu'elles.

» Nos cultures industrielles, le lin, le chanvre, les mûriers, les betteraves sont les parties de notre revenu agricole qui nous promettent le plus d'extension. On peut prévoir, avec certitude, que leur développement est prochain et qu'il sera rapide et prospère. Le lin est appelé à reprendre, dans l'industrie des tissus, une partie des avantages qu'il avait été forcé d'abandonner au coton.

» En répétant dans quelques années l'énumération que nous venons de tracer, on pourra juger quelles sont les cultures en progrès, et quel espace de temps a été nécessaire à chacune pour s'élever à un rang supérieur. Il est singulier que, nonobstant l'immensité des recherches dont l'agriculture a été l'objet, ce soit la première fois qu'on indique quelle place tient tel ou tel produit dans la longue série des biens de la terre, d'après la richesse du revenu dont il dote annuellement le pays.

» Si l'on réduit à son expression la plus simple toute cette masse de faits statistiques sur la valeur de la production agricole, on est conduit aux résultats suivants :

» 1o La culture du sol de la France donne plus des cinq sixièmes du revenu brut annuel de l'agriculture ;

2o Les terrains destinés à la nourriture des animaux domestiques, savoir : les prés, prairies, pâtis, jachères, n'en fournissent guère plus d'un dixième ;

3o Les bois et forêts ne forment par leurs produits qu'un vingt-et-unième de ce revenu.

» Si à cette somme de 6 milliards,022,109,450 fr. représentant le produit brut de tous les fruits de la terre en France, chaque année, nous ajoutons le total de la production animale, c'est-à-dire la valeur des animaux variés créés chaque année par l'agriculture et celle des produits fournis par le bétail, estimées ensemble à une somme de deux milliards de francs, nous aurons un total général de plus de huit milliards de francs, représentant le total de la production agricole, végétale et animale. »

Mais depuis 1848, époque où M. Moreau de Jonnès publiait ses intéressantes recherches statistiques, l'agriculture s'est améliorée; ses produits ont augmenté; la France s'est agrandie. Ce n'est donc pas exagérer que d'évaluer à dix milliards au moins le chiffre total de ses productions.

Je suis, Monsieur le Rédacteur, etc.

Camp de Châlons, juin 1866.

CINQUIÈME LETTRE

> Les îles Britanniques sont le pays le mieux cultivé de l'Europe.
>
> Le sol, naturellement peu fertile, a été fécondé par le labeur le plus opiniâtre, l'esprit d'invention le plus actif, l'industrie la plus persévérante : on l'a stimulé par des engrais puissants, le fumier d'innombrables bestiaux, les ossements réduits en poudre, le guano du Pérou ; des moulins à vapeur et le drainage ont épuisé les eaux des marais ; les *machines* les plus ingénieuses ont été employées à la culture et à la récolte.
>
> MALTE-BRUN et Th. LAVALLÉE.
> *Géographie universelle.*

Monsieur le Rédacteur,

Je crois que pour connaître la situation de l'agriculture anglaise, il faut l'étudier, comme l'agriculture française, au triple point de vue de son sol, de ses procédés d'exploitation et de ses produits.

Chacun le sait, l'empire britannique se compose de deux îles principales, la Grande-Bretagne et l'Irlande, et d'une multitude d'autres petits îlots très rapprochés des deux premières. La Grande-Bretagne présente à peu. près la forme d'un triangle isocèle appuyant sa base sur la Manche et dont la hauteur se dirige vers le nord. L'Irlande d'une forme presque ovalaire, offre un contour sinueux et profondément découpé.

Le territoire des îles Britanniques est un peu plus

étendu que la moitié de la France ; il comprend environ 31 millions d'hectares.

Le sol de la Grande-Bretagne est surtout montagneux au nord. Une longue et tortueuse suite de hauteurs ressemblant très peu à un système de montagnes marque la ligne de partage des eaux. Cette portion du Royaume-Uni se trouve ainsi partagée en trois grands bassins presque triangulaires : le premier est tourné vers la Manche, le second vers la mer d'Irlande, et le troisième vers la mer du Nord.

Un fait important au point de vue agricole, c'est la distribution des cours d'eaux dans la plus grande des îles Britanniques et l'influence considérable qu'elle exerce sur la prospérité de l'agriculture anglaise. La Grande-Bretagne est peut-être la contrée la plus favorisée de l'Europe sous ce rapport. Aucune ne présente sur une si petite étendue une plus remarquable disposition pour l'écoulement des eaux. La constitution géologique de son sol perméable et non spongieux, les heureux accidents qu'il présente, les hauteurs qui dominent ses bassins, tout est si avantageusement disposé que pas une goutte d'eau utile n'est perdue. Grâce à ces faveurs naturelles, les eaux qui proviennent des pluies se rassemblent sans former d'inondations dans des réservoirs qui alimentent un innombrable réseau de petites rivières. De la sorte pas une parcelle de terrain n'est privée d'eau. Les rivières ont un lit profond et sinueux, bordé de hautes berges, et les fleuves s'écoulent dans la mer par des embouchures larges et profondes. Enfin toutes ces heureuses conditions naturelles sont encore complétées par un ingénieux système de canalisation.

Quoique située plus au nord que la France, l'Angleterre jouit d'un climat plus égal. Sa position insuliare, le peu d'élévation de son sol, le nombre, l'importance et le parcours de ses rivières et de ses fleuves sont autant de circonstances qui contribuent puissamment à l'adoucissement de sa température. Il est vrai de dire que l'Ecosse jouit d'un climat plus rigoureux; on y trouve encore aujourd'hui à côté de ses fertiles vallées quelques rochers nus, quelques bruyères stériles.

L'Irlande est plus humide que l'Angleterre. Elle le doit à ses nombreux marécages. Ses cours d'eau, sans avoir l'importance de ceux de la Grande-Bretagne, présentent cependant à peu près les mêmes caractères.

Après ce que nous venons de dire, il est facile de comprendre pourquoi les productions du Royaume-Uni sont moins variées que celles de la France. Ce qui caractérise surtout l'agriculture de l'empire britannique, c'est la profusion des pâturages éminemment favorables à l'entretien de nombreux bestiaux. Les céréales quoique cultivées sur une large échelle n'y suffisent point aux besoins de la population. Nous aurons à rechercher plus tard la cause et les conséquences de ce fait.

La constitution géologique des Iles-Britanniques n'est pas moins intéressante à connaître que l'aspect physique du sol. Disons seulement d'une manière générale que très riches en minerais, elles renferment aussi des houillières inépuisables et tous les éléments propres à assurer la réussite des végétaux utiles.

Quelle est la situation générale de la propriété en Angleterre ?

A l'inverse de ce qui existe en France, c'est la grande propriété qui prédomine dans l'empire britannique. Si grande propriété ne signifie pas toujours grande culture, il est incontestable que la signification de la petite propriété n'est point douteuse. Le morcellement indéfini du sol impose nécessairement la petite culture. Les principes politiques et civils des Anglais sont essentiellement différents des nôtres. Le droit d'aînesse, aboli chez nous, fait encore la base de leur législation sur les héritages. Le maintien de ce droit et la faculté de substitution contribuent puissamment à conserver dans ce pays la grande propriété territoriale.

Un fait hors de doute, c'est qu'il existe actuellement en Angleterre des domaines immenses. Un membre de la Chambre des Communes, M. Disraëli, affirmait dans la séance du 19 février 1850, qu'on pouvait compter 250,000 propriétaires fonciers dans les trois royaumes. Or, comme le sol cultivé n'excède guère 20 millions d'hectares, ce n'est en moyenne que 80 hectares par famille, et 120 en y ajoutant les terrains incultes. Ce chiffre de deux cent cinquante mille est bien loin des huit millions de propriétaires français. Il est juste d'ajouter que cette donnée moyenne ne saurait donner qu'une idée fort incomplète des faits, car, sur les 250,000 propriétaires fonciers de l'Angleterre, il en est un certain nombre, environ 2,000, qui ont à eux seuls un tiers des terres et du revenu total, et même dans ces 2,000, il en existe une cinquantaine qui ont de véritables fortunes princières.

Suivant M. Léonce de Lavergne, quelques-uns des ducs anglais possèdent des provinces entières et ont des millions de revenu. Les autres propriétaires, sans avoir des richesses aussi importantes, sont cependant fort au-dessus de la moyenne des propriétaires français. En

Angleterre, la loi de succession immobilise pour ainsi dire la propriété. Cependant le goût des Anglais est très vif pour la possession du sol. La plus grande ambition des industriels et des commerçants ayant réussi dans les affaires est de posséder une propriété rurale.

Autrefois, il existait aussi en Angleterre une classe de petits propriétaires connus sous le nom de *yeomen*. Cette classe a à peu près complétement disparu aujourd'hui sans y avoir été contrainte par la violence. Les *yeomen* ont compris que leur capital en terre était moins productif qu'en le faisant valoir comme fermiers.

Quoique favorable à la petite propriété, M. Léonce de Lavergne, si compétent en ce qui concerne l'agriculture, reconnaît cependant que l'état de la propriété en Angleterre vaut mieux pour le progrès agricole que l'état de la propriété en France.

Les Anglais n'ont point apporté moins d'activité que les Français à l'établissement et au perfectionnement de leurs voies de communication. Leur esprit positif ne pouvait laisser inaperçu cet important élément de prospérité commerciale. En Angleterre les routes et les canaux sont aussi nombreux que bien entretenus. C'est ce pays qui peut revendiquer le double honneur d'avoir construit les premiers chemins de fer et d'avoir appliqué, le premier aussi, la vapeur à la navigation. De pareils faits parlent assez haut et n'ont pas besoin de commentaires.

Dès le 31 décembre 1857, les chemins de fer en exploitation ou concédés seulement se répartissaient entre les trois états de la Grande-Bretagne de la manière suivante:

	LIGNES OUVERTES	LIGNES CONCÉDÉES	TOTAL DES LIGNES
Angleterre et pays de Galles..	6,706	3,307	10,013
Écosse	1,243	575	1,818
Irlande...................	1,070	929	1,999
Totaux.......	9,019	4,811	13,830

Ajoutons que beaucoup d'autres chemins ont été construits depuis, et que actuellement, l'empire britannique est, après la Belgique, le pays de l'Europe le mieux pourvu de chemins de fer, sans que pour cela les routes et les canaux y aient été négligés.

La statistique démontre que, dans la période de cinquante ans écoulée de 1801 à 1851, la population a doublé en Angleterre; qu'elle s'est accrue de 88 0/0 dans le pays de Galles et de 79 0/0 en Ecosse.

En 1851, la population totale de la Grande-Bretagne s'élevait à 27 millions 409 mille 346 individus se répartissant de la manière suivante:

Angleterre.	16,910,947
Galles	1,011,821
Ecosse.	2,870,784
Irlande...................	6,615,794
Total.................	27,409,346

Veut-on connaître quelle est, sur cet ensemble, l'importance de la population rurale?

Il paraît que le nombre des travailleurs agricoles ne dépasse guère le quart de la population générale. Ce chiffre est bien différent de celui qui existe en France. On ne saurait contester ce qu'une pareille agriculture a d'avantageux, puisqu'elle permet de reporter beaucoup plus de forces sur les autres carrières industrielles ou commerciales.

Toute culture doit avoir pour but de créer la plus grande quantité possible d'alimentation humaine sur une étendue donnée de terrain. Le meilleur moyen de résoudre ce problème n'est peut-être pas de marcher directement. Tout d'abord disons que, à part l'étendue des cultures, il y a une différence profonde, radicale entre l'agriculture de ces deux pays, la France et l'Angleterre. En effet, tandis que le cultivateur français est surtout préoccupé de produire les céréales qui servent à l'alimentation de l'homme, le cultivateur anglais, au contraire, a été conduit, par la nature du climat d'abord, par la réflexion ensuite, à n'arriver aux céréales qu'après avoir passé par d'autres cultures.

L'expérience semble témoigner que ce chemin détourné, indirect, n'est pas le plus mauvais.

Un des grands inconvénients du système de culture français, c'est d'amener vite l'épuisement du sol. Il n'y a que les terres privilégiées qui puissent porter fréquemment le froment. C'est par l'abus de cette céréale, — M. Heuzé l'a appris aux agriculteurs beaucerons, — que l'on est parvenu à stériliser d'une manière à peu près complète d'immenses étendues de terres en Amérique, autrefois très fertiles.

Mais ce n'est pas tout, l'esprit ingénieux des Anglais ne s'est point borné là. Ils ont fait tourner à leur avantage une circonstance qui, à première vue, devait leur être très défavorable, je veux parler de l'aptitude de leur sol à produire l'herbe. Au lieu de la combattre, ils l'ont favorisée au contraire de tout leur pouvoir, et ils sont arrivés, en fin de compte, à l'utiliser pour la nourriture de leur bétail.

On peut dire que de ce simple fait est sorti tout le système agricole de nos voisins. Par l'entretien de nombreux bestiaux, ils ont obtenu deux choses : beaucoup de fumier pour entretenir la fertilité de leur sol, et un aliment précieux, — la viande, — pour tous les peuples du nord. Indirectement, il en est résulté une plus grande richesse de la terre et une augmentation considérable dans la production du blé. Tandis qu'autrefois la culture des céréales en Angleterre occupait le quart du sol en étendue, aujourd'hui elle n'occupe plus guère que le cinquième, et pourtant le nombre des hectolitres récoltés est plus élevé. Ce résultat s'explique très bien. C'est que la production du froment a gagné en *intensité* plus qu'elle n'a perdu en *superficie*, double source de bénéfices pour l'agriculture britannique.

Deux hommes de génie, Arthur Young et Bakevell, ont beaucoup fait pour le perfectionnement de l'économie rurale de leur pays : le premier, en apprenant à nourrir la plus grande quantité possible d'animaux sur une étendue donnée de terrain ; le second, en complétant l'autre et en enseignant le moyen de tirer d'eux le parti le plus avantageux. Des efforts combinés de ces deux célèbres agronomes est né le fameux assolement de Norfolk, aujourd'hui en usage dans presque toute l'Angleterre, assolement qui a pour ainsi dire créé de toutes pièces la richesse agricole des Anglais.

C'est un fait frappant que l'extension donnée aux pâturages par nos voisins. Ils font peu de foin ; les trois quarts de leurs prés sont pâturés, et même la moitié des prairies artificielles le sont aussi. Les deux tiers de leur sol sont donc livrés au bétail. Le pâturage, disent-ils, a plusieurs avantages : d'abord, il épargne la main-d'œuvre, ce qui n'est jamais une petite considération ;

ensuite, il est favorable à la santé des herbivores, et enfin il permet de tirer parti de terrains qui ne seraient autrement presque d'aucun produit. Ces terrains s'améliorent même à la longue par le séjour prolongé du bétail. Les Anglais prétendent qu'ils tirent ainsi de leurs pâtures une quantité de nourriture supérieure à celle qu'ils auraient obtenue avec la faux.

M. Léonce de Lavergne estime que, grâce aux soins dont ils entourent leurs pâturages, on peut affirmer hautement que les huit millions d'hectares de prés anglais donnent autant de nourriture pour les animaux que nos quatre millions d'hectares de prés et nos six millions d'hectares de jachères réunis.

Nulle part, mieux qu'en Angleterre, l'art d'améliorer les prés et les pacages, de les assainir par l'écoulement des eaux, de les fertiliser par des irrigations, par des engrais habilement appropriés, par des défoncements, des épierrements, des terrassements, des amendements de toute sorte, d'y multiplier les plantes nutritives et d'en exclure les mauvaises qui s'y propagent si facilement, n'a été poussé plus loin ; nulle part encore on ne regarde moins à la dépense pour créer et entretenir quand il est reconnu que cette dépense est utile. Les soins intelligents des Anglais favorisés par le climat enfantent véritablement des merveilles.

Après les ressources que leur fournissent les pâturages, viennent celles que donne la culture des racines et des prairies artificielles. Un des éléments caractéristiques de l'économie rurale anglaise, ce qui en forme en quelque sorte le pivot, c'est la culture de la rave ou turneps. Pour les Anglais, la culture du navet est réputée le signe certain, l'agent le plus actif du progrès agricole. C'est lord Townsend qui, sous le règne de Guillaume III, a le plus contribué à le propager.

Un pareil titre à la reconnaissance de l'agriculture ne s'oublie jamais en Angleterre. C'est l'introduction de la rave dans la culture anglaise qui a été le point de départ du fameux assolement de Norfolk. Son succès tient sous sa dépendance toute la rotation agricole. En effet, si elle réussit, l'alimentation du bétail est assurée, et du même coup, l'abondance du fumier, de la viande, du lait et de la laine est aussi garantie, tant il est profondément vrai que tout s'enchaîne en économie rurale. En outre, sa rapidité de végétation et les nombreuses façons qu'elle exige ont encore l'avantage de nettoyer la terre de toutes les plantes nuisibles. Tout cela est précièux. Aussi les cultivateurs anglais ne s'épargnent-ils aucune peine pour perfectionner leurs chers turneps. Ils arrivent à obtenir en moyenne 5 à 600 quintaux métriques de navets par hectare, ce qui est l'équivalent de 100 à 120 quintaux de foin. Quelquefois ces chiffres sont doublés. En France, la culture des turneps ne saurait jamais offrir une pareille ressource. C'est aux prairies artificielles combinées avec la betterave qu'il faut demander le secret d'une culture intensive.

Après les turneps, viennent les ray-grass. Ce qu'en font les Anglais est vraiment prodigieux. Il est avéré qu'avec une surface de 31 millions d'hectares, ramenée à vingt par les terres incultes, les Iles-Britanniques produisent beaucoup plus de nourriture pour les animaux que la France entière avec une étendue double consacrée à cet effet. La masse de leurs fumiers est donc proportionnellement trois ou quatre fois plus forte, indépendamment des produits animaux qui servent directement à la consommation, et, cette masse d'engrais n'est pas la seule qu'ils utilisent. Les os enfouis dans les champs de bataille du monde entier, les chiffons, les résidus des fabriques, tous les débris animaux et végétaux, les minéraux même lorsqu'ils contiennent quelques principes fécondants sont activement recherchés par eux. Le guano leur arrive en abondance par leurs navires. La chimie agricole est aujourd'hui une science fort appréciée et fort répandue en Angleterre. Nos voisins d'outre-Manche savent parfaitement encore que la terre pour produire ne demande pas seulement des engrais et des amendements ; mais qu'elle a aussi besoin d'être ameublie, nivelée, travaillée dans tous les sens, pour que l'eau la traverse sans y séjourner, pour que les gaz atmosphériques la pénètrent, pour que, enfin, les racines des plantes utiles s'y enfoncent et s'y ramifient aisément. C'est pourquoi ils ont inventé une foule de machines dans le but de donner à la terre toutes les diverses façons dont elle a besoin.

Les Anglais partent de ce principe que, pour récolter beaucoup de céréales, il vaut mieux réduire qu'étendre la surface emblavée, et qu'en consacrant la plus grande place aux cultures fourragères, on n'obtient pas seulement un plus grand produit en viande, lait et laine, mais encore une plus grande quantité de blé. Voilà un des grands secrets de leur culture et de leurs succès.

En un mot, ce qui caractérise l'agriculture anglaise considérée dans son ensemble, c'est la quantité dans l'uniformité, tandis que, pour l'agriculture française, c'est la qualité dans la variété.

L'agriculture anglaise se distingue encore de la nôtre par trois caractères importants ayant la plus grande influence sur sa prospérité, et sur lesquels nous reviendrons ultérieurement. Je veux parler de l'étendue des exploitations, des capitaux et de l'instruction professionnelle que possèdent les fermiers anglais.

Nous le répétons, la grande propriété domine en Angleterre et elle entraîne généralement à sa suite la grande culture. Tous ceux qui ont parcouru ce pays sont convaincus à cet égard. Il est très commun d'y rencontrer des gentilshommes, des membres de la Chambre des Lords et de la Chambre des Communes, s'occupant de diriger eux-mêmes, avec un grand sens pratique, une exploitation rurale.

L'agriculture a toujours été honorée dans l'empire britannique. On y trouve à chaque pas des fortunes réalisées dans la culture. Ces exemples contribuent sans aucun doute à faire de cette carrière une des plus recherchées, car elle procure les plus grands avantages susceptibles d'être ambitionnés par l'homme, l'honneur et le profit.

On cite un grand nombre d'exploitations remarquables en Angleterre, et notamment la belle ferme de M. Mechi, près de Londres, et celle du duc de Bedfort, dans le comté de ce nom. On n'en finirait pas s'il fallait faire l'énumération des grands hommes d'Angleterre sortis de la culture. On se tromperait si l'on croyait que cette ascension des agriculteurs aux plus hautes fonctions gouvernementales soit un fait exclusivement contemporain. Cela a eu lieu dans tous les temps. Cromwel lui-même, le si célèbre protecteur, a débuté comme fermier. Sur les bords de l'Ouse, on montre encore aujourd'hui aux voyageurs la modeste maison qu'il a habitée pendant son obscurité.

Dans de pareilles conditions, il n'y a donc rien d'étonnant que l'agriculture anglaise soit prospère, puisqu'elle réunit toutes les conditions favorables : direction habile, capital argent et capital intellectuel.

Il faut le dire, jamais l'Angleterre n'a connu à un aussi haut degré que la France les misères du système féodal. Jamais dans ce pays les malheureux serfs n'ont été aussi maltraités, aussi misérables que dans notre patrie. La lutte n'avait point dans l'empire britannique le même caractère qu'en France. Les seigneurs anglais, à l'inverse de ce qui se passait dans notre pays, s'appuyaient sur les populations rurales, les protégeaient, les défendaient contre les prétentions du souverain. Il est résulté de cet état de choses, dans toutes les classes anglaises, un respect profond et général de la légalité, un esprit d'initiative et de persévérance qui n'ont pas été sans influence sur cette prospérité agricole qui fait aujourd'hui l'étonnement du monde entier.

Si maintenant on envisage quels sont les produits de l'agriculture anglaise, on est obligé de reconnaître la remarquable justesse des principes économiques qu'ils professent. Déjà nous avons fait remarquer, en rapportant le résumé statistique de la France par M. Moreau de Jonnès, combien sont difficiles des appréciations de cette sorte. Il est certain que, dans l'espèce, ces difficultés sont plus grandes encore, puisqu'il s'agit d'un pays dont les intérêts, les usages, les lois, comme les mœurs, diffèrent essentiellement des nôtres. Les renseignements que nous possédons sur ce point se rapportent à une date déjà ancienne, puisqu'ils remontent à une époque antérieure à 1848 ; mais en supposant, — ce qui est à peu près vrai, — que le progrès ait marché depuis parallèlement en Angleterre et en France, tels qu'ils sont, ils suffisent pour donner une idée rigoureusement exacte du rapport qui existe dans la production agricole des deux pays. Ces réserves faites, quelle est l'importance des produits de la culture anglaise?

Mac Culloch et Spackman ont évalué à plus de six milliards la valeur totale des produits anglais. A la même époque, avant 1847, on estimait à peu près au même chiffre ceux de la France, et, si le raisonnement que nous faisons est exact, il serait juste d'admettre que l'Angleterre produit annuellement aujourd'hui des denrées agricoles représentant une valeur d'au moins dix milliards. Les différences essentielles qui existaient autrefois entre l'une et l'autre agriculture, au lieu de disparaître, se sont plutôt accentuées.

Déduction faite des onze millions d'hectares incultes que renferment les îles britanniques, les vingt millions d'hectares cultivés se décomposent comme il suit :

Prairies naturelles	8,000,000 hectares
Prairies artificielles	3,000,000
Pommes de terre, turneps, fèves	2,000,000
Orge	1,000,000
Avoine	2,500,000
Jachères	500,000
Froment	1,800,000
Jardins, houblon, lin, etc	200,000
Bois	1,000,000
Total	20,000,000 hectares

Après la répartition des cultures, voyons la répartition des produits.

PRODUITS ANIMAUX.

Viande	1,950,000,000 fr.
Laine, peaux, suifs, abats	540,000,000
Lait	300,000,000
Chevaux	180,000,000
Volailles	30,000,000
Total des produits animaux	3,000,000,000 fr.

PRODUITS VÉGÉTAUX.

Froment	1,080,000,000 fr.
Orge	240,000,000
Avoine	135,000,000
Pommes de terre.	600,000,000
Foin.	600,000,000
Lin, chanvre, légumes, fruits	255,000,000
Bois.	90,000,000
Total des produits végétaux.	3,000,000,000 fr.

Ces données, si anciennes et si générales qu'elles soient, ne sont cependant point, croyons-nous, dépourvues d'enseignements. En comparant les produits anglais aux produits français, on voit de suite que non-seulement les premiers sont moins variés, mais encore, et ce qui frappe surtout, c'est en quelque sorte l'opposition de rapport entre les produits végétaux et animaux de l'une et de l'autre agriculture. En effet, tandis qu'en France les produits végétaux entrent pour quatre sixièmes dans le total, dans les îles britanniques, les uns sont égaux aux autres. Ce qui se passe en Angleterre révèle une culture améliorante, intensive, et, nous le disons avec regret, ce qui se passe en France prouve l'existence d'une culture plus stationnaire que progressive.

En répartissant le total du produit brut relevé par la statistique qui précède sur la superficie totale du Royaume-Uni, on obtient les résultats suivants :

Angleterre.	300 fr. par hectare
Basse-Ecosse, Irlande et Galles	150
Haute-Ecosse.	15
Moyenne générale	202 fr.

On voit par ce qui précède combien est grande aussi

la distance qui sépare les forces productives des diverses parties composant l'empire britannique. L'Ecosse et l'Irlande suivent de bien loin l'Angleterre proprement dite. Cela tient à une cause différente pour chacun de ces deux pays : à la stérilité irrémédiable du sol, pour l'Ecosse; aux circonstances politiques et sociales, pour l'Irlande. L'Angleterre est beaucoup plus productive que le reste de l'empire. Ses produits, à elle seule, entrent pour cinq huitièmes environ dans les produits généraux du Royaume-Uni. Ils se décomposent ainsi qu'il suit :

Viande	1,275,000,000 fr.
Laine, peaux, suifs, abats	282,000,000
Lait	188,000,000
Chevaux	103,000,000
Volailles	15,000,000
Total des produits animaux	1,863,000,000

Froment	843,000,000 fr.
Orge	155,000,000
Pommes de terre	180,000,000
Foin	558,000,000
Lin, chanvre, légumes, fruits	112,000,000
Bois	55,000,000
Total des produits végétaux	1,903,000,000

Ce qui précède démontre que le produit d'un hectare de terre en Angleterre est le double de ce qu'il est en France. Les seuls produits animaux des fermes anglaises égalent la totalité des produits des fermes françaises sur une superficie égale. En 1841, la population totale du Royaume-Uni était, ainsi que nous l'avons dit précédemment, de 27 millions d'habitants; celle de la France, de 34 millions. Le Royaume-Uni nourrissait donc une tête humaine par hectare, tandis que la France en nourrissait une seulement par hectare et demi. Il est vrai encore que la population anglaise consomme plus que la population française, mais la sobriété des Irlandais rétablit certainement l'équilibre.

En résumé, l'agriculture anglaise, envisagée dans son ensemble comme dans ses détails, est de beaucoup supérieure à l'agriculture française.

Je suis, Monsieur le Rédacteur, etc.

Camp de Chàlons, juin 1866.

SIXIÈME LETTRE

EXAMEN COMPARATIF DE L'AGRICULTURE EN FRANCE ET EN ANGLETERRE.

> Il n'y a pas de critérium plus sûr, et qui indique mieux une culture amélioratrice, que l'usage de plus en plus général des instruments perfectionnés.
>
> La meilleure preuve de la supériorité du bétail et des instruments agricoles de l'Angleterre est dans les progrès de leur exportation simultanée sur tous les points du globe où une culture plus rationnelle et plus scientifique a remplacé les méthodes primitives des temps antérieurs.
>
> Extrait du *Farmer's Magazine*. — *Revue Britannique*, juin 1862.

Monsieur le Rédacteur,

Ce qui résulte clairement des enseignements de la statistique, c'est que l'Angleterre, avec un territoire plus petit que celui de la France, obtient de son sol des produits au moins équivalents à ceux de notre pays. Il est certain encore que, pour les obtenir, elle emploie une population beaucoup moindre; et aussi que la population qu'elle nourrit est relativement beaucoup plus forte que celle de la France. Tous ces faits nous autorisent suffisamment à conclure que l'agriculture anglaise est supérieure à l'agriculture française.

Il nous reste maintenant à rechercher quelles sont les causes et quelles sont les conséquences de cette supériorité ?

On comprend de quelle importance est ici la connaissance de ces causes, puisqu'elles serviront à formuler l'indication générale que dôit suivre l'agriculture française et à lui indiquer les moyens de parvenir à la solution du problème qu'elle poursuit. En effet, si les progrès éclatants de l'agriculture britannique reconnaissaient pour causes des influences naturelles supérieures au génie de l'homme, nous devrions nécessairement renoncer pour toujours au désir d'égaler nos voisins ; nous devrions accepter notre infériorité comme fatale et définitive. Mais, si le contraire est démontré, c'est-à-dire si la culture perfectionnée de nos voisins provient seulement de leur savoir professionnel, de leur habileté pratique, de leur esprit positif et de leur organisation sociale, nous ne devons pas abdiquer, mais poursuivre par de persévérants efforts le but élevé d'une agriculture sans cesse progressive, en profitant toutefois de leur expérience et de leurs succès. Chose importante, dans ce dernier cas, nous dominons la question au lieu d'être dominés par elle. Cela dit, voyons quelles sont les causes de la supériorité agricole des Anglais ?

D'abord, est-ce à la valeur de leur sol, à l'influence de leur climat, en un mot, aux influences naturelles de leur pays qu'ils sont redevables de leur supériorité ?

Sur ce point spécial, écoutons le jugement porté par un Anglais assurément très compétent en pareille matière.

« Je viens de passer en revue, dit le célèbre agro-
» nome Arthur Young dans son Voyage agronomique
» en France de 1787 à 1790, toutes les provinces de
» France, et je crois ce royaume supérieur à l'An-
» gleterre en fait de sol.. La proportion de mauvaises

» terres qui se trouvent en Angleterre, par rapport à la
» totalité du territoire, est plus grande qu'en France ;
» il n'y a nulle part cette prodigieuse quantité de sable
» sec qu'on trouve dans les contrées de Norfolk et de
» Suffolk. Les marais, bruyères et landes, si com-
» muns en Bretagne, en Anjou, dans le Maine et dans
» la Guienne, sont beaucoup meilleurs que les nôtres.
» Les montagnes d'Ecosse et du pays de Galles ne sont
» pas comparables, en fait de sol, à celles des Pyrénées,
» de l'Auvergne, du Dauphiné, de la Provence et du
» Languedoc. Qnant aux sols argileux, ils ne sont
» nulle part aussi tenaces qu'en Angleterre, et je n'ai
» pas rencontré en France d'argile semblable à celle
» de Sussex. » Plus loin, et presque à chaque page de
son livre, il déclare donner aussi la préférence au
climat de la France comparé à celui de son pays ; mais,
ajoute-t-il, avec l'orgueil patriotique si propre à sa race,
nous savons tirer parti de notre climat, et les Français
sont encore dans l'enfance sous ce rapport.

Puisque le sol et le climat de la France sont meilleurs que le sol et le climat de l'Angleterre, il faut donc
chercher ailleurs la cause de la supériorité agricole des
Anglais.

Est-ce à leur activité, à leur opiniâtreté dans le
travail que les Anglais doivent leur supériorité agricole?

Cette question mérite d'être posée et résolue. Chacun
le sait, tous les peuples ne possèdent pas au même
degré l'amour du travail ; tous ne sont pas doués
de la même énergie. Il existe entre eux sous ces divers
rapports de notables différences. Qui oserait, en
effet, comparer les lazzaroni de Naples avec les braves
habitants des bords du Rhin par exemple? Les Es-

pagnols avec les Belges ? Les Arabes avec nos Méridionaux ?

Le Français, on peut le dire hautement, est à la fois intelligent et laborieux, et, en qualités de cette sorte, il ne le cède ni aux Anglais, ni à aucun autre peuple. C'est donc ailleurs qu'il faut chercher la raison d'être des faits que nous analysons.

Est-ce l'infériorité des charges de l'agriculture anglaise qui fait sa supériorité? Non, car les charges qui pèsent sur l'une et sur l'autre agriculture sont, je ne dirai pas égales, mais à peu près équivalentes. La seule différence importante à remarquer est bien plus dans la forme que dans le fond même de l'impôt.

En effet, l'argent des contribuables en France va se dépenser au loin, dans des services multiples et variés, tandis qu'en Angleterre, il reste sur place, dans la localité où il a été payé. L'avantage est évident pour les Anglais. La quotité dans un impôt n'est pas la seule chose à considérer ; l'emploi qu'on en fait a bien aussi son importance. Nous expliquerons plus loin en parlant du poids des taxes anglaises, comment l'argent qui en provient retourne de suite aux mains des agriculteurs qui les ont soldées.

Autrefois, la propriété foncière payait toutes les sommes destinées à assurer les services de l'Etat, parce qu'elle était, comme elle est encore aujourd'hui, la forme de richesse la plus visible, la plus en évidence et par conséquent la plus facile à atteindre.

· Il ne faut donc point s'étonner si, pendant de longues séries de siècles, les gouvernements ont fait peser sur elle seule, sous des formes et des noms divers, les dépenses qu'ils sont rigoureusement tenus d'assurer. Il est vrai qu'à l'heure qu'il est, les choses se sont un peu modifiées et que les modifications existantes en appellent encore d'autres plus radicales, plus profondes, à une échéance plus ou moins éloignée.

Mais, malgré la différence qui s'est établie entre la pratique du passé et celle de notre temps, il n'en faut pas moins reconnaître qu'aujourd'hui encore c'est le sol qui paye la plus lourde part contributive dans les besoins des Etats. En effet, les charges de la propriété foncière sont multiples : les unes consistent en redevances annuelles, les autres en redevances éventuelles seulement. Ce qu'il y a de plus malheureux, c'est que les besoins auxquels les impôts sont tenus de subvenir, loin de diminuer, ont une remarquable tendance à augmenter sans cesse, et que cette tendance à l'augmentation menace de dépasser les facultés mêmes de la propriété foncière. Car ces facultés ont limites des qu'on ne saurait franchir sans en détruire l'équilibre. C'est pourquoi on peut dire avec bonne foi que l'impôt territorial ne répond plus aussi complétement aujourd'hui qu'autrefois aux exigences financières ; c'est pourquoi enfin, la base même de l'impôt est chaque jour battue en brèche, et tout fait présager qu'on finira par lui en substituer une autre, plus rationnelle et plus équitable, le revenu par exemple.

Notre intention n'est pas, on le comprend, d'examiner ici ce qu'il y aurait de mieux à faire pour assurer une meilleure répartition des charges, cet examen n'étant point de notre compétence.

Nous voulons seulement montrer ce que cette assiette a de défectueux, et comment il se fait que les meilleures intentions échouent devant le maintien d'un principe suranné.

Les besoins financiers des nations ne pouvant point diminuer, au moins pour le moment ; les impôts territoriaux ayant atteint leurs limites, il faut donc de toute nécessité, si l'on veut alléger les charges de la propriété foncière, disons-mieux, de l'agriculture, recourir à un remaniement complet. Il faut, en un mot, pour entretenir l'harmonie générale des choses, approprier les besoins à la situation, c'est-à-dire frapper les propriétés nouvelles pour satisfaire des nécessités nouvelles aussi. Ce sont là des perfectionnements qu'il sera avantageux d'introduire dans l'assiette et la perception des contributions publiques. Ils assureront tout à la fois la diminution des charges et la proportionnalité des redevances aux ressources des citoyens. Tel est, aussi généralisé que possible, notre sentiment à propos des impôts qui pèsent aujourd'hui trop lourdement, suivant nous, sur l'agriculture.

Cela dit, quelles sont en France, aussi bien qu'en Angleterre, les formes de l'impôt qui portent directement ou qui atteignent d'une manière indirecte la production agricole ?

Le premier et le plus lourd des impôts qui pèsent sur l'agriculture, c'est sans aucun doute l'impôt foncier. Dans son traité de la propriété, M. Thiers l'accuse d'être la cause de l'infériorité de l'agriculture française vis-à-vis de celle des autres pays, et notamment de l'Angleterre, mais sans conclure à la modification de cet impôt.

« Il n'y a pas en Angleterre, dit-il, d'impôt foncier. Il a été racheté par M. Pitt, à 20 millions près. L'agriculture française supporte 280 millions de contributions que ne supporte pas l'agriculture anglaise, sans compter la différence résultant au profit de celle-ci de lois protectrices, récemment abolies en Angleterre et trop complétement abolies peut-être. On s'en prend à l'ignorance de notre paysan, qu'on dénigre beaucoup trop. Il est assez instruit pour savoir qu'en variant les cultures, en multipliant les engrais, on peut tous les ans, de toute terre, tirer une récolte et renoncer aux jachères..... Mais chargé de frais, il ne peut aisément se procurer de l'engrais, c'est-à-dire du bétail, c'est-à-dire de l'argent. La différencé de produit entre un sol et un autre consiste beaucoup moins dans la fertilité naturelle de la terre que dans les capitaux. Vous trouverez en Afrique et en Orient des contrées magnifiques qui sont tout à fait improductives, et vous trouverez entre Rotterdam et Anvers, sur des sables stériles, la plus belle culture de l'univers, parce qu'il y a des capitaux en Hollande, et point en Orient et en Afrique. Allez dans les sables des Landes, dans les sables de la Prusse, y a-t-il quelque part un gros bourg, une ville, vous voyez tout autour la fécondité remplacer la stérilité. *Trop imposer la terre, c'est frapper non pas tant l'agriculteur que l'agriculture elle-même.* »

Ainsi donc, l'agriculture anglaise, plus heureuse que l'agriculture française, n'a pas à acquitter les lourdes redevances de l'impôt foncier. M. Maurice Block, dans sa statistique générale, estime que toutes les contributions directes en Angleterre ne s'élèvent qu'à 4 °/o des recettes générales de l'Etat, tandis qu'elles dépassent en France le chiffre énorme de 25 °/o.

Après les impôts directs viennent les contributions indirectes. Celles-ci frappent aussi l'agriculture, puisque en diminuant la consommation, elles arrêtent dans une certaine mesure la production.

Parmi les impôts qui rentrent dans cette catégorie, il

en est un surtout qui a été avec raison dans ces derniers temps l'objet des plus vives critiques: je veux
parler de l'octroi.

Les droits d'octroi nuisent à la fois aux travailleurs
des villes et aux cultivateurs. Ils élèvent le prix de la
subsistance pour les premiers et s'opposent au développement de la consommation générale qui doit essentiellement profiter aux seconds.

Ce qu'il y a de plus curieux dans le maintien de ces
droits, c'est qu'ils sont tout à la fois impopulaires et
condamnés par les plus célèbres économistes, depuis
Turgot jusqu'aux contemporains qui siégent aujour-
d'hui sur les bancs du sénat français.

Turgot, le célèbre Turgot disait, en parlant des
octrois, qu'ils étaient un droit abusif établi par les
villes pour se procurer des ressources aux dépens
des campagnes.

« Je ne vous dissimulerai point, disait-il encore,
que tous ces droits sur les consommations me paraissent un mal en eux-mêmes; que, de quelque manière qu'ils soient imposés, ils me semblent toujours
retomber sur les revenus des terres; que par conséquent, il vaudrait beaucoup mieux les supprimer entièrement que de les réformer; que la dépense commune des villes devrait être payée par les propriétaires
du sol de ces villes et de leur banlieue, puisque ce sont
eux qui en profitent véritablement. »

Il n'y a absolument rien à reprendre dans le jugement porté par Turgot. Cet homme sincère et d'un
caractère élevé doit faire autorité dans cette question.
Mais il n'est pas le seul qui ait condamné l'octroi des
villes. Après lui, écoutons un ancien ministre, M. Léon
Faucher:

« L'octroi, dit-il, est la cause principale des misères qui affligent les populations urbaines. L'octroi augmente le prix des aliments les plus essentiels, de la viande, du vin, l'octroi renchérit le combustible, l'octroi rend matériellement la vie difficile. Lorsqu'un conseil municipal distribue des bons de pain, lorsqu'il fonde et entretient des hôpitaux, il ne fait que réparer une partie des malheurs que l'octroi cause ; il restitue aux pauvres une partie des sommes que ceux-ci ont payées à l'octroi. J'aime mieux, quant à moi, prévenir le mal que d'avoir à le réparer. »

Ecoutons encore M. Eugène Bonnemère, qui lui aussi, dans son histoire des Paysans, s'élève avec une grande énergie contre l'octroi.

« Ce qu'il y a de vraiment incompréhensible dans la persistance de ces abus, dit-il à son tour, c'est que, pour sortir de l'ornière, il n'y a rien à innover, rien à risquer.

« L'Angleterre, en effet, ne connaît pas l'octroi, cette douane intestine, comme l'appelle M. Michel Chevalier, et les villes n'y sont pas plus mal entretenues pour cela. Puisque l'Angleterre ne connaît pas l'impôt foncier qui ruine l'agriculture française ; puisque l'Angleterre ne connaît pas l'octroi qui ruine l'agriculture française.; puisque l'Angleterre, relativement paisible et libre, marche droit dans sa route, tandis que nous, nous cahotons péniblement sur un chemin infiniment trop accidenté en révolutions, ne serait-il donc pas temps d'introduire chez nous, lentement, peu à peu, et l'un après l'autre, ce qui a si bien réussi a côté de nous ? Pourquoi toujours l'impôt, qui ruine le présent, ou l'emprunt, qui ruine l'avenir ? *En présence des résultats obtenus et de l'abîme creusé sous nos pas, où donc est le danger d'essayer un autre système financier? On a la certitude de ne pouvoir rencontrer pire et tomber plus mal.* »

« O sainte routine ! ajoute-t-il encore, Inviolata, integra et casta ! Royne et impérière du monde, comme l'appelait Montaigne.

» Mais enfin, répéte-t-on sans cesse, il faut de l'argent aux villes, il faut de l'argent à l'Etat !

» Eh ! sans doute, il leur en faut : le tout est de le demander à qui le doit. Autrement le filou qui glisse sa main dans ma poche pourrait invoquer le même argument. Or, on n'a jamais démontré, que je sache, qu'il fût juste et légitime que les fangeuses campagnes, oubliées dans les ténèbres de la barbarie, dussent être pressurées à perpétuité pour que les cités puissent jouir seules des bienfaits de la civilisation. »

C'est donc un fait hors de doute que les octrois nuisent essentiellement à l'agriculture.

Pourquoi alors ne pas demander hautement et partout leur suppression ? L'enquête est ouverte !

Que les agriculteurs s'entendent donc et fassent de concert parvenir en haut lieu l'expression de leurs besoins et leurs vœux ! Ils sont sûrs d'être écoutés. Qu'ils profitent de la magnifique occasion qui leur est offerte ; qu'ils rédigent, en vue de l'agriculture, leurs cahiers, comme l'ont fait leurs pères, pour les Etats-Généraux. C'est notre conviction profonde, que de même que les premiers ont amené l'émancipation politique du citoyen, ceux-ci amèneraient la grande émanicipation de l'Agriculture française, émancipation qui profitera non-seulement aux agriculteurs, mais aussi à tous les membres de la Société. Quels dangers peut faire craindre une pareille conduite ? Peut-on suspecter la loyauté et le patriotisme de nos campagnes? Ne sont-ce pas elles qui ont acclamé et soutenu le plus chaudement, en toutes circonstances, le Souverain actuel de la France? Ce Souverain n'a-t-il pas dit qu'il respirait à son aise au milieu des populations agricoles; que ses meilleurs amis n'habitaient pas les lambris dorés, mais qu'ils se trouvaient dans les chaumières.

Les populations des campagnes sont donc bien placées pour se faire écouter, puisqu'elles sont garanties, dans le présent, contre de fâcheuses interprétations par leur passé, et, dans l'avenir, par la toute puissance de leur nombre et de leurs droits.

Je le répète, que les agriculteurs indiquent tous leurs griefs; qu'ils n'en omettent aucun. Timidité aujourd'hui serait imprudence.

Plus on suit le mouvement des idées économiques, plus on voit que la question des octrois est mûre. La Belgique les a supprimés depuis cinq ans. La Hollande, pays également très avancé dans la science financière, vient aussi de les abolir.

Il n'y a jamais eu d'octroi en Angleterre, et cependant les villes y sont tout aussi bien pavées, tout aussi bien éclairées qu'ailleurs. Les voyageurs qui parcourent la Hollande et la Belgique ont pu y faire la même remarque. Chacun de ces deux pays a trouvé le moyen de remplacer le produit des octrois sans bouleverser l'économie financière de ses cités. Quelle est la raison qui nous empêche de les imiter? Une diminution probable dans les revenus des villes; est-ce là une raison déterminante pour conclure au statu quo? Les combinaisons destinées à remplacer les octrois peuvent varier à l'infini, cela est certain; mais ce qui ne l'est pas moins, c'est qu'ils finiront par disparaître à une époque peu éloignée, et le plus tôt sera certainement le meilleur.

L'impôt foncier et l'octroi des villes ne sont pas les seules charges de l'agriculture. Les droits du fisc sur les successions et les intérêts de la dette hypothécaire sont encore, en grande partie du moins, acquittés par elle. Disons quelques mots seulement de ces deux sortes d'impôts.

La transmission de la propriété se paye trop cher en France. En 1856, les droits de cette nature se sont élevés au chiffre énorme de 127 millions. Il résulte de cette situation que le sol est en quelque sorte immobilisé dans les mêmes mains. On pourrait abaisser les tarifs des droits de mutation, sans diminuer pour cela d'une manière bien considérable les ressources de l'Etat, parce que le plus grand nombre de transmissions compenserait l'abandon des tarifs élevés. Toutes les charges de diverses natures nuisent essentiellement, par leur élévation excessive, à la prospérité des propriétés foncières, en ce sens qu'elles épuisent trop souvent et trop complétement les ressources du possesseur du sol. Cela est absolument vrai aujourd'hui parce que la fortune terrienne n'est pas, comme par le passé, un signe d'opulence. Il n'existe pas en Angleterre d'impôts analogues à ceux que nous connaissons en France sous le nom de droits de successions, de mutations et d'hypothèques.

Toujours pour les mêmes raisons, celles que nous avons indiquées précédemment, c'est le petit propriétaire, c'est le petit cultivateur qui paye surtout l'intérêt de la dette hypothécaire qui pèse sur la propriété foncière. La somme à solder provenant de ce

chef est encore fort élevée. Les éléments que nous
possédons suffisent pour la déterminer sûrement. En
effet, nous savons que le droit d'inscription kypothé-
caire est de 2 fr. pour 1,000 fr.; nous savons encore que,
en 1857, ce droit a produit la somme de 3,250,000 fr.,
décime compris. Partant de cette base, par une opération très simple, nous trouvons que le capital prêté
s'élève à la somme de 1,477,500,000 fr., produisant
un intérêt annuel du vingtième au moins, qui devra
s'adjoindre aux frais dont nous venons de parler.

Et ce n'est pas tout. Ajoutons à ces dépenses déjà si
considérables celles qui résultent des actes notariés,
des radiations, de l'emploi des intermédiaires, etc., et
l'on sera obligé de reconnaître que la dette hypothécaire en France ne coûte pas moins de cent millions
annuellement.

Jusqu'ici les établissements de crédit, institués en
vue de venir en aide à l'agriculture, ont peu contribué
à l'extinction des dettes hypothécaires qui pèsent sur
elle.

Ce que nous venons de dire suffit pour prouver surabondamment que les charges agricoles sont chez nous
très lourdes, plus lourdes très probablement que dans
les pays voisins, en Angleterre par exemple, ou du moins
qu'elles paraissent telles. Ce dernier pays a aussi de
grands besoins financiers à satisfaire. S'il n'a pas
d'impôt foncier, ni d'octroi, il a, en revanche, ce
qu'on appelle la charité légale ou du moins officielle.
Les taxes que cette charité nécessite sont acquittées
par les paroisses et reviennent en grande partie aux campagnes. Mais il est certain que, quand même la quotité
des taxes de la charité officielle anglaise atteindrait la
quotité des impôts qui frappent en France la propriété

terrienne ; il est certain, dis-je, que l'inconvénient qui résulte de l'élévation de l'impôt est plus grand en France qu'en Angleterre. Nous en avons déjà fait connaître la raison. Chez nos voisins, l'argent provenant des taxes locales n'entre point dans les coffres de l'Etat ; il est dépensé sur place. Il en est tout autrement en France.

En réalité, le caractère différentiel de l'impôt dans les deux pays réside bien plus dans la forme que dans le fond, dans l'emploi qu'on en fait que dans son chiffre nominal.

Cette différence, on le voit, est grande et toute à l'avantage de l'agriculture d'Outre-Manche.

En résumé et en somme, il est permis d'affirmer que, toutes choses égales d'ailleurs, l'agriculture française comparée à l'agriculture anglaise n'est point favorisée par la modicité des charges qui pèsent sur elle. Nous pensons encore qu'un pareil état de choses a sa part d'influence sur la supériorité agricole de nos voisins ; mais cette cause n'est point unique, et même elle n'est point la plus importante, nous essayerons de le démontrer.

Si donc, la différence des charges est insuffisante pour expliquer à elle seule la grande distance qui sépare l'agriculture des deux pays, il faut bien que cette cause soit ailleurs.

Poursuivons notre raisonnement.

Est-ce à la tradition nationale, au génie particulier de ses habitants que l'Angleterre doit sa supériorité agricole ?

Examinons. Le goût de la vie rurale est inné chez la nation anglaise.

L'histoire aussi bien que les faits contemporains le

prouvent. Les Anglais descendent des Saxons et des Normands ; or, Saxons et Normands ont à peu près la même origine. Il n'y a donc rien que de très naturel à voir les Anglais de nos jours héritiers des goûts et des sentiments de leurs ancêtres, c'est-à-dire d'un vif amour pour la vie solitaire et pour l'indépendance individuelle. Pour les raisons que nous venons d'indiquer, la conquête des Normands au onzième siècle n'a point apporté de modification sensible dans le génie particulier des habitants de ce pays. Car les conquérants, plus encore peut-être que la race vaincue, ont attaché une importance en quelque sorte exclusive à la possession du sol, importance révélée par le *Domesday-Book*. Il consiste dans le relevé général des propriétés, exécuté vers 1080, par ordre du roi Guillaume. Ce monument extraordinaire, unique, propre à l'Angleterre, appelé par les Saxons dépossédés *le livre du dernier jugement*, parce qu'il consacrait, suivant eux, leur expropriation universelle et définitive, a exercé une très grande influence sur la conservation et le développement de la vie rurale dans ce pays. Ce livre, conservé encore aujourd'hui à l'Echiquier, a toujours été regardé comme infiniment précieux par les Anglais. Il contient, en effet, les plus beaux titres de noblesse dont ils puissent se montrer jaloux, puisqu'il a été établi pour les conquérants eux-mêmes après leur prise de possession. De plus, il n'y a jamais eu et il n'y a pas encore pour ces populations de propriété absolue, véritablement légale, que celle qui peut remonter jusqu'au Domesday-Book.

Le Domesday-Book est donc le livre d'or des Anglais. Non-seulement il est précieux pour leurs intérêts, mais encore il contient l'origine de leurs titres de noblesse, et, pour cette raison, il flatte beaucoup leur vanité.

Intérêt, vanité, quels puissants mobiles pour l'activité humaine! Tout concourt donc à maintenir chez nos voisins leurs goûts natifs pour la vie champêtre. Cette vie que les Anglais considèrent comme l'indice d'une haute origine a été longtemps en France l'objet d'un sot dédain? Pour être convaincu à ce sujet, il suffit de rappeler ce qu'avait d'humiliant chez nous l'épithète de gentilhomme-campagnard. Il est impossible de nier les profondes racines de ce sot préjugé en France. N'a-t-il pas fallu à Olivier de Serres l'encouragement, plus même, le patronage de son souverain pour le décider à rompre avec les errements de son temps en publiant son livre sur l'agriculture? De tels faits parlent assez haut et nous dispensent de commentaires. On le voit, il y avait alors un abîme entre les mœurs des deux pays, et cet abîme, qui remonte à une bien haute antiquité, s'est conservé presque jusqu'à nos jours.

Toutes ces considérations nous paraissent importantes et dignes d'être rappelées. Elles ont leur enseignement. Ainsi, aucune nation au monde ne peut sé vanter de posséder, comme la nation anglaise, un cadastre aussi ancien, aussi authentique, aussi détaillé.

Il y a plus, ce cadastre prouve jusqu'à l'évidence, non-seulement le goût des Normands pour la possession du sol, mais encore et surtout les progrès réalisés par ces fermiers conquérants dans la culture de leurs terres, puisqu'il contient, outre les noms des possesseurs, le nombre des mesures de terre ou hydes dont se composaient leurs domaines, ainsi que la quantité des animaux domestiques qu'ils entretenaient et le nombre de charrues nécessaires à leurs exploitations.

Voilà bien établi le point de départ du goût prononcé

des Anglais pour la vie champêtre ; voyons maintenant si les siècles ont modifié ou affaibli ce goût.

Comme la nôtre, l'histoire d'Angleterre est remplie des luttes des barons ; mais ces luttes ont toujours eu un caractère essentiellement différent de celles qui existèrent en France. Les barons anglais défendaient la possession de leurs terres contre la puissance royale, et, pour vaincre la résistance que les rois opposaient à leurs droits, ils étaient forcés de s'appuyer sur les populations des campagnes. A cet effet donc et pour les mettre entièrement dans leurs intérêts, ils accordèrent quelques droits aux communes, et c'est de la sorte que l'émancipation du peuple, la liberté politique s'est confondue avec la défense et la consécration des droits féodaux.

En France, c'est toujours l'inverse qui s'est produit : instinct ou mieux génie de la race, événements historiques, tout a été différent. D'abord, c'est l'influence de la race latine qui a prédominé sur celle des envahisseurs ; c'est l'amour des populations romaines pour les villes qui a triomphé et survécu. Plus tard, au moyen âge, les luttes d'intérêts, nous l'avons déjà dit, n'ont jamais eu le même aspect qu'en Angleterre. Au lieu de s'appuyer sur leurs seigneurs, les serfs français ont invoqué l'autorité et la protection du souverain. Le contraste est éclatant. Nous le répétons, origine, tradition, goûts, tout diffère, et le temps, au lieu d'effacer ces différences, n'a fait que les exagérer.

Ces simples remarques sont bonnes à faire pour montrer la distance profonde qui a toujours existé entre les mœurs et les goûts des deux peuples. Avec les siècles, les habitudes, qui naquirent de ces tendances opposées, ne firent que se développer, chacune dans son sens.

En France, lorsque la prépondérance du souverain est parfaitement établie, que font les seigneurs?

Ils briguent la domesticité royale; ils se font cour tisans.

En Angleterre, les choses se passent tout différemment. Quand la reine Elisabeth voit les nobles sortir de leurs châteaux pour affluer à sa cour, elle les engage à retourner dans leurs domaines où ils auront, dit-elle, plus d'importance, conseil patriotique et sage dont auraient été bien incapables nos Louis XIV, aussi bien que nos Louis XV.

« Voyez, leur dit Elisabeth, ces vaisseaux accumulés dans le port de Londres; ils y sont sans majesté, sans utilité, les voiles abattues et les places vides, confondus et pressés les uns contre les autres; supposez qu'ils enflent leurs voiles pour se disperser sur l'immensité des mers, chacun d'eux sera *libre*, *puissant et superbe*. »

Le fonds de l'histoire d'Angleterre est tout entier dans ces faits; le reste n'est que détails accessoires et secondaires pour la question qui nous occupe. Ils nous expliquent parfaitement pourquoi la noblesse des campagnes a jusqu'aujourd'hui toujours tenu la tête dans les agitations de ce pays. C'est qu'il n'est point un grand souvenir de l'histoire nationale qui ne se rattache à cette classe. Encore à l'heure qu'il est, point de notoriété politique possible en Angleterre sans posséder des propriétés rurales.

Enfin, la passion des Anglais pour la vie rurale est telle que ceux qui n'ont pas le bonheur de posséder une campagne à eux font tout ce qu'ils peuvent pour en avoir au moins l'apparence. Ce goût de la vie champêtre n'est point particulier à une seule classe; il s'étend à toutes.

Il est si enraciné dans la nation que, pour lui donner satisfaction dans une certaine mesure, toutes les villes d'Angleterre sont pourvues de grands parcs publics, lesquels sont tout simplement de grandes prairies avec de beaux arbres. On voit, même à Londres, des vaches et des moutons pâturer paisiblement sur les pelouses de Green-Park et de Hyde-Park, au bruit incessant des voitures qui roulent dans le Piccadilly.

Les souverains anglais, eux aussi, donnent les premiers l'exemple de l'amour de la vie champêtre ; ils n'habitent la ville que lorsqu'ils ne peuvent faire autrement. Ce qui n'était qu'un jeu pour Marie-Antoinette et Louis XVI dans la ferme artificielle de Trianon est une réalité pleine de douceur pour la reine Victoria. Cette souveraine possède à Windsor et à Osborne de véritables fermes où naît et s'engraisse le plus beau bétail des Trois-Royaumes.

La reine surveille elle-même une basse-cour dont elle est fière. Telles ont été dans le passé et telles sont encore dans le présent les mœurs de la nation anglaise. Est-il nécessaire d'insister maintenant pour faire comprendre, après le récit que nous venons de faire, combien de pareilles mœurs ont dû contribuer aux progrès agricoles de nos voisins, progrès dont ils sont si justement fiers ?

Quant à nous, nous trouvons là une puissante cause de leur supériorité en agriculture. Cette cause n'est pas unique assurément, mais c'est une des principales.

La plus puissante cause, à notre sens, de la prospérité sans rivale de l'agriculture anglaise réside dans la situation générale de la propriété foncière. Expliquons notre pensée. Cette situation, en effet, dont nous reconnaissons cependant tous les inconvénients au point de vue de ce que l'on appelle dans la science économique la répartition des richesses ; cette situation, disons-nous, a assuré à nos voisins d'immenses bienfaits. Avec la grande propriété, les Anglais ont eu du même coup la grande culture, de nombreuses et de fortes institutions de crédit, des assolements perfectionnés, des machines ingénieuses et puissantes pour l'exécution de presque tous les travaux agricoles ; ils ont eu, en un mot, réunis dans leurs mains habiles et vigoureuses tous les éléments destinés à assurer à l'agriculture la marche la plus progressive. Nous avons déjà dit par quel mécanisme une culture intensive conduit à une culture plus intensive encore ; comment l'entretien du bétail augmente la richesse des fermes, la fécondité des terres. La science Zootechnique a fait réellement les progrès es plus merveilleux en Angleterre. Les Anglais ont approprié les animaux domestiques à leurs besoins et à leurs intérêts en les transformant d'une manière complète. Ce qui prouve mieux que toutes les dissertations la valeur des bestiaux anglais, la perfection de leurs machines, c'est l'exportation immense qu'ils en font dans le monde. Partout où l'agriculture progresse, partout où elle abandonne la routine et les procédés primitifs, les machines agricoles anglaises trouvent des débouchés.

Afin de comprendre l'importance attachée par les Anglais à l'emploi des machines et quels sont les développements qu'ils ont su donner à cette industrie, l'intensité de son exportation dans le monde entier, écoutons le récit fait par M. Léonce de Lavergne au Directeur de la Revue des Deux-Mondes, à propos du Meeting agricole de Glocester en 1853.

« Le département des machines de beaucoup le plus

important, couvrait 10 acres ou 4 hectares de terrain. En 1839, à la première exposition de la Société Royale, il y avait en tout 23 instruments, et dans ce temps-là les *gentlemen* farmers protestaient en toute occasion qu'ils ne s'étaient jamais servis et ne se serviraient jamais que des instruments connus de leurs pères. Cette année, plus de deux mille machines, envoyées par 121 exposants, prenaient part au concours. Sans doute, plusieurs sont encore à l'essai, et ce sont les plus dispendieuses ; mais le plus grand·nombre est d'un usage courant, et d'un bout à l'autre de la Grande-Bretagne, les fabricants en vendent des quantités considérables. Les prix des plus recherchées baissent d'année en année, ce qui indique un débit croissant ; aussi le célèbre rouleau de Croskill, qui se vendait dans l'origine 20 livres, se donne aujourd'hui pour 14, avec six mois de crédit ou 5 °/° d'escompte, et quand on en prend trois à la fois, l'escompte est de 15 °/°. 14 livres sterling ou 350 fr., c'est encore beaucoup pour un rouleau, sans compter les frais de port qui peuvent être énormes, car c'est une lourde machine qui ne peut être traînée que par trois chevaux ; il n'en est pas moins remarquable, pour quiconque la connaît, qu'on puisse la donner pour ce prix-là, surtout avec la hausse de fer. »

» On retrouvait à Glocester tous les instruments dont l'expérience de ces dernières années a prouvé l'utilité, - et qui font partie aujourd'hui de toute ferme bien tenue : els sont, avec le rouleau brise-mottes de Croskill, la therse de Norvège du même fabricant, qui coûte le même prix que son rouleau ; les semoirs de Garett, qui se vendent jusqu'à 1,000 et 1,200 fr. ;la houe à cheval du même, du prix de 400 fr. ; la charrue de Kausome, du

prix de 100 fr.; le scarificateur de Biddell, de 500 fr.;
celui de Bentall, qui n'en coûte que 170 ; les machines
à fabriquer les tuyaux de drainage, les hache-paille, les
coupe-racines, etc. etc....

» L'attention se détournait de ces excellents instruments, maintenant généralement connus, pour se
porter sur les instruments nouveaux, comme un dis-
tributeur d'engrais exposé par Garett, une machine
fort compliquée fabriquée par le même pour éclaircir
les turneps, et, par dessus tout, les machines à moissonner et les machines à vapeur. 12 machines à moissonner, 23 machines à vapeur attestaient, par leur
nombre et leur importance, l'intérêt qui s'attache
aujourd'hui en Angleterre à ces nouveaux progrès de
l'art agricole ; tous les grands fabricants d'instruments
aratoires avaient tenu à honneur d'envoyer leur
contingent.

» On sait le bruit que fit en 1851, lors de son appa-
rition à l'Exposition universelle, la machine américaine à moissonner de Mac-Cormick, venue du fond de
l'Illinois. Je l'avais vue alors fonctionner dans une
ferme près de Londres et j'avais pu apprécier ce qu'elle
avait à la fois d'ingénieux et d'incomplet. Parfaitement
à sa place dans un pays comme l'Illinois, où la terre
est pour rien et la main-d'œuvre hors de prix, elle ne
répondait pas encore suffisamment aux besoins d'un
pays comme l'Angleterre, où la perfection du travail
n'est pas moins à considérer que la promptitude; mais
l'imagination des agronomes anglais avait été frappée
du résultat obtenu : il était désormais évident qu'une
machine à moissonner était possible, il ne s'agissait
plus que de la perfectionner. Or, l'utilité d'une pareille
machine devient de plus en plus sensible depuis que

les troupes d'Irlandais faméliques, qui venaient tous les ans couper les blés en Angleterre, sont en train de disparaître par l'émigration, et que la demande croissante de travail pour le commerce, les manufactures et l'agriculture elle-même, font monter les salaires en quelque sorte à vue d'œil.

» On attache donc un grand prix au succès de la machine à moissonner, *reaping machine*.

» J'ai fait le voyage de Londres à Glocester avec de simples fermiers, non des millionnaires qui se ruinent à cultiver pour leur agrément, mais des cultivateurs pràticiens ayant de lourdes rentes à payer, qui faisaient leurs cinquante lieues uniquement pour voir par eux-mêmes si le problème était résolu : tous disaient que la difficulté de trouver des moissonneurs devenait un sérieux embarras. Je n'ai pas besoin d'ajouter qu'ils étaient déjà munis de machines à battre, *thrashing machines*. Ces sortes d'instruments, qui coûtent en moyenne un millier de francs, sont maintenant très répandus ; il y en avait vingt-quatre à l'exposition de Glocester. Mes compagnons de voyage disaient qu'avec leur secours, ce qui coûtait autrefois des *schillings* s'obtenait aujourd'hui avec des *pence*, et ils espéraient bien que la machine à moissonner finirait un jour ou l'autre par leur donner les mêmes avantages.

» Je le souhaite, car ils m'avaient l'air de braves gens et tout entiers à leur affaire. Ils n'ont pas dit un mot pendant tout le voyage qui ne s'appliquât à des questions agricoles ; ils paraissaient fort au courant de tout ce qui se fait en culture d'un bout à l'autre de l'Angleterre, et doivent être des lecteurs assidus du *Mark lane Express* et du *Famer's Magazine*.

» Le prix de 20 souverains (500 fr.) promis par la Société Royale pour la meilleure *reaping machine* n'a pas encore été décerné ; on veut attendre l'époque de la moisson pour essayer sur place celles qui ont été envoyées au concours. On s'est borné à en choisir six sur douze pour les admettre à l'épreuve définitive. Celle qui paraît avoir le plus de chances de l'emporter, pour toutes sortes de raisons, est celle dite de Bell. Au moment où la machine américaine de Mac Cormick excitait la plus grande rumeur, il y a deux ans, on apprit tout à coup qu'un écossais, nommé Bell, avait déjà inventé un instrument du même genre et qu'on s'en servait obscurément dans une ferme depuis environ douze ans. De là une vive émotion dans toute la Grande-Bretagne. L'orgueil national, qui venait de subir plusieurs échecs de la part des *Yankees*, notamment dans la fameuse régate de l'île de Wight, où un *yackt* américain avait si complétement battu l'élite des *yackts* anglais, s'est attaché à la machine de Bell pour l'opposer à celle de Mac-Cormick et à toutes les autres qui sont venues d'Amérique depuis. Elle a déjà obtenu le prix de la Société d'agriculture d'Ecosse au dernier *meeting* de Perth, et le grand fabricant d'instruments aratoires du Yorkshire, William Croskill, s'en étant emparé pour l'importer en Angleterre, elle y paraît destinée au même succès. »

« Outre son origine nationale, la machine de Bell paraît avoir une véritable supériorité sur ses rivales d'Amérique ; elle est beaucoup plus chère, puisqu'elle coûte 42 livres sterling, tandis que celle de Hussey n'en coûte que 25, et de plus elle paraît lourde ; mais elle n'emploie qu'un homme, tandis que les autres en exigent généralement deux. Outre le charretier qui conduit les chevaux, la machine de Mac-Cormick a besoin d'un ouvrier qui ramasse avec un rateau les épis sciés par l'appareil tranchant, tandis que dans celle de Bell cette besogne est faite par la machine elle-même. Quant à la précision du travail, on la dit plus grande, et c'était bien nécessaire ; car la machine de Mac-Cormick, la seule que j'aie vue marcher, laissait encore beaucoup de paille et souvent beaucoup d'épis. sur le sol. L'inventeur affirme que, dans sa pratique, elle moissonne parfaitement 12 acres ou près de 5 hectares de froment, orge ou avoine, par jour : l'expérience décidera, je n'essaie pas ici de la décrire ; une description sans figure serait tout à fait inintelligible.

» C'est, en effet, la machine de Bell qui, après une expérience faite chez M. Pusey, président de la Société royale, a obtenu le prix.

» La Société royale avait promis en même temps un prix de 10 souverains pour la meilleure machine à faucher, *mowing machine ;* le prix n'a pas été donné, bien que onze instruments aient concouru : les juges n'ont pas trouvé que le résultat désirable fut suffisamment obtenu.

» Arrivons aux machines à vapeur, *steam engines.* Voilà, plus encore que la machine à moissonner, la grande affaire actuelle de l'agriculture anglaise. Ici seulement la question change un peu de nature : pour le *reaper*, c'est la valeur même de l'instrument qui est en cause. Pour le *steam engine*, l'utilité n'est pas douteuse : toute la difficulté est dans le prix. Sous ce rapport même, le progrès est sensible. A l'exposition de Norwich, en 1849, la meilleure machine à vapeur pour les usages agricoles était celle de Garett, qui consommait 11,50 livres anglaises de charbon par cheval de vapeur et par heure. A Exeter, en 1850, Hornsly avait déjà réduit cette consommation à 7,56 livres. En 1851, à la grande exposition, le même la réduisit à 6,79, et en 1852, à Lewes, à 4,66 ; cette année, c'est Clayton qui a obtenu le prix avec 4,32. Voilà, en quatre ans, une économie de près des deux tiers sur la consommation du charbon, et il est probable qu'on ne s'arrêtera pas là.

» Tels sont les effets de la libre concurrence. »

« Le 6 juin, à la séance d'une association agricole, le club des fermiers de Londres, car les sociétés de ce genre foisonnent en Angleterre, une conversation fort intéressante a eu lieu sur les mérites comparatifs des machines à vapeur fixes et des portatives, pour l'agriculture. Un des principaux fabricants d'instruments aratoires du comté de Suffolk, M. Rausom, a pris la parole. Dans un discours parfaitement technique, qui a été rapporté par tous les journaux agricoles, et qui suppose dans ceux qui l'écoutaient des connaissances assez étendues en mécanique, il est entré dans les détails les plus précis sur la construction des machines à vapeur, et, après avoir longuement parlé de haute et basse pression, de bouilleurs, etc., il a conclu que les machines fixes étant les plus économiques, devaient être préférées toutes les fois que l'exploitation était assez considérable et assez concentrée pour les occuper ; mais que, dans les moindres fermes, la machine portative valait mieux, parce qu'elle permettait à plusieurs cultivateurs de *s'associer* pour en avoir une. Cette opinion a été partagée par le club, et la société royale s'y est ralliée, car elle a primé en même temps une machine fixe et une portative ; c'est Clayton qui a eu les deux prix. »

« Voilà donc la machine à vapeur tout à fait naturalisée dans l'agriculture. C'était un beau et curieux spectacle que de voir à l'exposition de Glocéster ces 23 machines mises pour la plupart en mouvement par le souffle de feu qui les anime, et accomplissant sous les yeux du public leurs principaux travaux : battant le blé, hachant la paille, broyant les fèves et les tourteaux, etc...... La machine portative de Clayton, de la force de de 6 chevaux, consommant 30 livres anglaises de charbon par heure, ou 13 kilos 600 grammes, coûte 220 livres sterling ou 5,500 fr. ; une autre, de la force de 4 chevaux seulement, consommant 24 livres anglaises de charbon par heure, coûte 180 livres ou 4,500 fr. La machine fixe de la force de 6 chevaux coûte 165 livres ou 4,125 fr. Ces prix sont sans doute élevés, mais ils ne sont pas inabordables pour un grand nombre de fermiers anglais, et ils se réduiront sans doute. Même en Angleterre, les plus utiles machines n'entreront largement dans les habitudes qu'autant qu'elles seront à bon compte. En Amérique, elles sont généralement à meilleur marché qu'en Angleterre, et les consommateurs anglais se plaignent avec raison de cette différence, qui ne peut pas durer. »

« Ce que j'en dis n'est pas pour engager les cultivateurs français à adopter aveuglément toutes ces machines. Pour les neuf dixièmes de la France au moins, c'est un progrès qui ne peut s'accomplir qu'après avoir été précédé par beaucoup d'autres. Tout se tient dans l'organisation agricole d'un pays ; l'organisation agricole elle-même n'est qu'une part de l'ensemble économique et social. »

. . . .

. . . .

Dans quelques années, la population agricole proprement dite sera en Angleterre le sixième seulement de la population totale ; en France elle descend rarement au-dessous de la moitié, et, sur beaucoup de points, elle dépasse encore les trois quarts ; il y a peu de place pour les machines là où les bras abondent à ce point. » (Aujourd'hui les bras n'abondent plus, on se plaint précisément du contraire.)......................

....

« Tout annonce d'ailleurs, continue M. Léonce de Lavergne, en Angleterre de prochains et immenses perfectionnements. Un petit livre récemment publié sous ce titre bizarre, Talpa, contient à cet égard, sous des formes piquantes et humoristiques, des aperçus qui, pour être hardis jusqu'à l'étrangeté, n'en sont pas moins dignes d'attention. L'auteur fait le procès à la bêche, à la charrue, à la herse, à tous les instruments usités jusqu'à ce jour pour travailler la terre, et qu'il considère comme l'enfance de l'art. Selon lui le type du bon cultivateur, c'est, le croirait-on ? la taupe, ce petit travailleur souterrain que la plupart d'entre nous proscrivent sans miséricorde. Déjà les plus éclairés commençaient à s'apercevoir que cet animal si détesté, si poursuivi, n'était pas aussi dangereux qu'il en avait l'air, et qu'à la seule condition d'étendre avec soin les taupinières, il nous apportait, en fouillant la terre sans relâche, un véritable secours. On avait même, sur cette donnée, inventé en Angleterre une espèce de charrue à sous-sol fort ingénieuse, qu'on avait appelée *Charrue-taupe,* parce qu'elle imitait jusqu'à un certain point l'œuvre ténébreuse de l'infatigable mineur ; mais personne n'avait songé jusqu'ici à faire de cette humble bête le modèle complet de l'agriculture perfectionnée.

Cette initiative était réservée à l'auteur anonyme du Talpa; et en vérité, en le lisant, on se sent porté à croire qu'il pourrait y avoir beaucoup de vrai dans ses idées. Nous en avons tant vu, en fait d'inventions originales, que rien ne nous paraît plus impossible. »

« Voici comment l'auteur justifie son assertion : « Ce
» que recherchent les cultivateurs, dit-il, c'est le moyen
» de réduire la terre en poussière, afin d'en extirper
» les plantes adventices, et de la rendre complétement
» perméable aux engrais et aux influences atmosphé-
» riques ; or, c'est précisément ce que fait la taupe.
» L'idéal de la bonne culture serait de réduire le sol
» entier d'un champ à l'état où se trouve la terre des
» taupinières. Pour cela, que faut-il ? Imiter la taupe,
» s'armer comme elle de griffes et gratter la terre de
» manière à la pulvériser. La bêche et la charrue sont
» des instruments arriérés ; ce qu'il faut, ce sont des
» multitudes de pattes de taupe mises en mouvement
» par une force assez puissante pour vaincre la résis-
» tance des terres les plus compactes. Cette force, on
» ne l'avait pas jusqu'ici ; mais aujourd'hui on la
» possède, c'est la vapeur, éminemment propre à
» produire un mouvement de rotation en avant, et à
» fouiller le sol avec des griffes de fer comme elle bat
» déjà l'eau avec des roues. »

« Cette idée renferme peut-être le germe d'une révolution radicale. Plusieurs indices montrent déjà que le génie mécanique est sur la voie. A l'exposition de Glocester, le jury a décerné une médaille à une machine nouvelle nommée machine à piocher (*digging machine*), qui repose exactement sur ce principe. Encore un pas, et les mille pattes de taupe seront trouvées. On commence même à dire vaguement qu'elles le sont, et qu'un inventeur américain a résolu le problème en combinant la force de la vapeur avec celle des chevaux. La grande difficulté qui empêchait jusqu'ici le labourage à la vapeur serait ainsi tournée. Ce ne serait pas précisément du labourage, ce serait mieux : toutes les façons successives qui se donnent aujourd'hui à la terre se donneraient à la fois et par un même instrument : immense économie de temps et de force. Avant peu, l'expérience sera faite ; un des plus grands constructeurs d'instruments aratoires de l'Angleterre s'en occupe, dit-on, car on va vite dans ce pays-là, et les idées n'y restent pas longtemps à l'état théorique.

Nous verrons bien. Si la tentative réussit, nous dirons que, nous aussi, nous en avions trouvé le germe dans la défonceuse de M. Guibal, couronnée deux fois au concours de Versailles, et nous aurons quelque raison ; mais, hélas ! le germe n'a pas été fécondé. »

Cet extrait de la lettre de M. Léonce de Lavergne prouve jusqu'à l'évidence la vive préoccupation de tous les cultivateurs anglais pour tout ce qui se rattache à la construction et au perfectionnement des machines agricoles. Cette vive préoccupation est un enseignement : elle prouve l'influence de l'esprit public sur les progrès de l'agriculture. Tout ce que raconte ici M. de Lavergne nous a paru si intéressant que, malgré le risque de paraître un peu long, nous avons fait une citation complète.

En résumé donc, nous croyons pouvoir attribuer la supériorité agricole des Anglais d'abord à l'existence de la grande culture et ensuite à leur goût prononcé pour la vie rurale, goût inné remontant, ainsi que nous l'avons dit, à la plus haute antiquité, et qui s'est conservé jusqu'à nos jours. La grande culture a pour conséquences directes de permettre aux agriculteurs d'Outre-Manche un système d'assolement progressif, l'emploi des instruments perfectionnés, conditions qui diminuent le coût de la main-d'œuvre, èt, en dernière analyse, le prix de revient des produits sans abaisser la rémunération du travail.

A ces puissantes causes de progrès, il faut encore ajouter la possession d'un capital suffisant et une instruction professionnelle complète.

Maintenant que nous avons fait connaître quelles sont, suivant nous, les causes de la supériorité agricole des Anglais, essayons de rechercher quelles sont les conséquences de cette supériorité au double point de vue de la fixation de la rente et de la rémunération du travail.

En examinant quelle était la situation générale de l'agriculture anglaise, nous avons vu que nos voisins produisaient des denrées agricoles moins variées que celles de la France, mais que ces denrées représentaient cependant une valeur annuelle pour ainsi dire équivalente à celle des produits de notre pays. Nous avons vu encore que le territoire cultivé de la Grande-Bretagne était d'environ vingt mille hectares, c'est-à-dire à peu près la moitié de celui de la France; enfin nous avons fait remarquer aussi que, à part l'exception venant de l'Irlande, la population rurale n'était en Angleterre que du quart de la population générale, tandis que le nombre des travailleurs agricoles en France dépassait la moitié de la population totale.

Quels sont les divers enseignements qui se dégagent de cet état général des choses ?

La première conséquence que je crois pouvoir tirer

des faits rappelés tout à l'heure, c'est que les bénéfices
de l'agriculture anglaise sont supérieurs à ceux que
réalise l'agriculture française. Ce point me paraît si
incontestable, et semble découler si naturellement de la
situation comparative que j'ai essayé de faire qu'il es
inutile d'insister. Cette première conséquence admise,
quels sont ceux qui sont appelés à profiter de ces
bénéfices?

La société tout entière, à mon sens, doit retirer
avantage des améliorations agricoles, mais surtout et
plus directement ceux qui possèdent le sol et ceux qui
l'exploitent. Le premier effet de l'abondance des
produits et de l'abaissement de leur prix de revient,
c'est de permettre aux fermiers anglais la réalisation
de plus grands profits. Sans doute tout ne reste pas
dans leurs mains, mais il en reste assez pour augmenter
leur aisance, pour leur permettre de consacrer des
sommes de plus en plus importante au perfectionnement de leur matériel agricole et à l'amélioration de
leurs animaux domestiques. Or, comme tout s'enchaîne
en économie rurale, ces innovations progressives en
appellent d'autres et contribuent à accroître ainsi sans
cesse la fécondité du sol.

Les profits du fermier devenus ainsi plus considérables vont en partie aussi se déverser dans les mains
du propriétaire, par l'élévation des fermages, et dans
celles de l'ouvrier par l'augmentation du salaire.
Ainsi donc et malgré la rivalité des intérêts, tous,
fermier, propriétaire, ouvrier, profitent nécessairement
d'une agriculture progressive. Telle est la puissance
de la force des choses. Rien ne démontre mieux la
solidarité des intérêts que nous avons posée comme une
loi absolue au commencement de notre travail.

Toutes ces considérations expliquent donc pourquoi, — l'agriculture anglaise ayant atteint un plus haut degré de prospérité que la nôtre, — la rente de la terre, le salaire de l'ouvrier, le profit du fermier sont à un taux plus élevé en Angleterre qu'en France.

Elles expliquent encore pourquoi l'agriculture anglaise devient de plus en plus intensive, car ; ainsi que le dit fort judicieusement M. Léonce de Lavergne, plus on produit, plus on peut consacrer de ressources à l'accroissement de la production, et la richesse se multiplie par elle-même. En un mot, l'effet ici devient cause.

L'auteur que nous venons de citer, M. Léonce de Lavergne, estime qu'avant 1848, le produit brut en France et en Angleterre se partageait approximativement de la manière suivante entre l'Etat, le propriétaire, le fermier, et l'ouvrier !

FRANCE.

Rente du propriétaire	30	fr. par hectare.
Bénéfice de l'exploitant	10	—
Impôts	5	—
Frais accessoires	5	—
Salaires	50	—
Total	100	fr. par hectare.

ANGLETERRE.

Rente du propriétaire	75	fr. par hectare.
Bénéfice de l'exploitant	40	—
Impôts	25	—
Frais accessoires	50	—
Salaires	60	—
Total	250	fr. par hectare.

Nous ne citons pas ces chiffres comme ayant une

valeur absolue. L'époque à laquelle ils remontent est déjà assez éloignée de nous. Tels qu'ils sont, — et malgré leur insuffisance pour faire connaître la quotité exacte des bénéfices donnés par un hectare, — ils peuvent néanmoins donner une idée de la proportion qui s'établit pour la répartition des produits de la terre dans chacun des deux pays.

Il résulte non-seulement du tableau qui précède que la production brute est plus élevée en Angleterre qu'en France, mais encore que la part du bénéfice prélevée par le propriétaire anglais est plus du double de celle du propriétaire français ; que le profit du fermier anglais est aussi quadruple du profit réalisé par le fermier français. Le salaire seul est à peu près également évalué de part et d'autre ; mais ce n'est là qu'une apparence. En fait, il est beaucoup plus élevé en Angleterre qu'en France parce qu'il est moins divisé, parcequ'il est réparti sur un moins grand nombre de têtes.

En effet, grâce à l'emploi de leurs puissantes machines, les anglais se servent beaucoup moins d'ouvriers que les agriculteurs français, ce qui élève de suite considérablement le salaire chez nos voisins.

La situation agricole de l'Irlande et de l'Ecosse n'est pas à la même hauteur qu'en Angleterre pour des raisons spéciales à chacun de ces deux pays. Pour l'Ecosse, c'est la rigueur du climat, la nature du sol qui font obstacle à la prospérité agricole. Pour l'Irlande, ce sont des causes qui tiennent à l'organisation politique du pays ; car, comme le dit avec juste raison, M. Léonce de Lavergne, la condition agricole d'un peuple n'est pas un fait isolé, c'est une part du grand ensemble. La responsabilité de l'état imparfait de notre agriculture ne revient pas à nos cultivateurs exclusivement ; son progrès ultérieur ne dépend pas uniquement d'eux, ou, pour mieux dire, ce n'est pas en fixant leurs regards sur le sol qu'ils peuvent se rendre tout à fait compte des phénomènes qu'il présente, mais en essayant de remonter aux lois générales qui régissent le développement économique des sociétés.

Jusqu'à présent ces sortes d'études ont été peu de leur goût ; ils les repoussent à peu près d'un commun accord comme inutiles et dangereuses pour des praticiens ; je crois qu'ils se trompent, et j'espère le leur prouver. Il n'y a pas de bonne pratique agricole sans une bonne situation économique, l'une est l'effet, l'autre est la cause.

Je vous prie d'agréer, Monsieur le Rédacteur, etc.

Camp de Châlons, juillet 1866

SEPTIÈME LETTRE.

DE L'AMÉLIORATION DE L'AGRICULTURE NATIONALE.

> Tout s'enchaîne dans le développemen successif des éléments de la prospérité publique.
>
> . . . .
>
> En ce qui touche l'agriculture, il faut la faire participer aux bienfaits des institutions de crédit; défricher les forêts situées dans les plaines et reboiser les montagnes, affecter tous les ans une somme considérable aux grands travaux de desséchement, d'irrigation et de défrichement. Ces travaux, transformant les communaux incultes en terrains cultivés, enrichiront les communes sans appauvrir l'Etat, qui recouvrera ses avances par la vente d'une partie de ces terres rendues à l'agriculture.
>
> . . . .
>
> — Amélioration énergiquement poursuivie des voies de communication;
>
> — Réduction des droits sur les canaux et par suite abaissement général des frais de transport;
>
> — Prêts à l'agriculture et à l'industrie;
>
> — Travaux considérables d'utilité publique;
>
> — Suppression des prohibitions;
>
> — Traités de commerce avec les puissances étrangères;
>
> Telles sont les bases générales du programme sur lequel je vous prie d'attirer l'attention de vos collègues, qui devront préparer sans retard les projets de lois destinés à les réaliser.
>
> L'Empereur NAPOLÉON III.
> *Lettre au ministre de l'agriculture du 5 janvier 1860.*
>
> L'Empereur tient à l'amélioration des campagnes plus encore qu'à la transformation des villes.
>
> Duc de PERSIGNY. *Circulaire du ministre de l'intérieur du 18 août 1862.*

Monsieur le Rédacteur,

J'ai indiqué dans ma dernière lettre quelles étaient, à mon sens, les causes de la supériorité agricole des Anglais.

Ces causes se réduisent à trois principales, qui sont : la grande culture, conséquence de la grande propriété, la possession d'un capital suffisant et un goût inné très vif pour la vie rurale. On pourrait ajouter encore, non sans raison, que la généralité des cultivateurs d'Outre-Manche possèdent très souvent des connaissances spéciales sérieuses, un grand savoir professionnel qui n'est pas sans exercer une heureuse influence sur la prospérité de leur agriculture.

Ces grandes causes générales en impliquent nécessairement plusieurs autres également très dignes d'attention. C'est ainsi que, en Angleterre, les voies de communication, les grands travaux d'utilité publique, la pratique du drainage et des assolements les plus rationnels, l'entretien du bétail le plus perfectionné, ont reçu et reçoivent encore tous les jours l'attention la plus soutenue et tous les encouragements nécessaires.

Il me semble que faire connaître les causes qui ont assuré les succès de nos voisins, c'est presque indiquer les moyens à suivre pour améliorer l'agriculture nationale.

Pour toute industrie, l'indication générale et absolue à suivre, c'est de multiplier ses produits et en même temps d'abaisser leurs prix de revient dans les limites du possible.

L'agriculture étant une industrie, — ce que nous avons démontré, — doit donc poursuivre ce double but. Une culture intensive bien comprise a conduit nos voisins aux meilleurs résultats. L'agriculture anglaise, on peut le dire, est sans rivale dans le monde entier.

Les secrets de sa prospérité sont connus.

Ainsi tout ce qui améliore le sol, augmente la capacité du travailleur, perfectionne les moyens d'exploitation, doit contribuer, en dernière analyse, au progrès agricole.

Cela dit, quelles sont les améliorations du sol à réaliser ?

Les améliorations de la terre sont si importantes qu'on ne doit en négliger aucune. Nous ne voulons parler ici que de celles qui intéressent tout le pays et réagissent sur lui. Il est clair que les engrais et les divers amendements réclamés par les différents terrains ne peuvent leur être livrés qu'autant que l'état des chemins le permet. Ce simple fait explique de suite l'importance capitale que doit attacher l'agriculteur à voir sa contrée dotée de ces précieux auxiliaires. Aussi, dans le magnifique programme tracé par la main du Souverain, l'achèvement des voies de communication figure-t-il en première ligne. Ce sont elles, en effet, qui facilitent les transports et en assurent le plus efficacement l'économie.

Les cultivateurs, si directement intéressés, ne doivent donc négliger aucun moyen, aucun sacrifice pour presser la réussite complète du désir impérial.

Les grands travaux d'irrigation, le reboisement de nos montagnes, si propre à prévenir de désastreuses inondations, ne sont pas assez l'objet des préoccupations publiques en France. Ces entreprises sont négligées malgré leur utilité incontestable. La vraie cause de ce regrettable état de choses, la plus dominante, à notre avis, réside dans l'impuissance des particuliers, dans leur isolement. Les grands travaux agricoles rencontrent des difficultés en apparence insurmontables. Pour triompher de l'insuffisance des ressources financières, il n'y a qu'un moyen: c'est de faire appel à l'entente générale, de stimuler l'initiative individuelle. Les Anglais, mus par le puissant ressort de l'intérêt, animés d'un positivisme et d'une initiative rares, n'ont pas besoin d'être provoqués à l'amélioration de leur sol. Le ressort puissant qu'ils possèdent en eux vaut mieux que toute mise demeure en légale.

En France, la division du sol, la dissémination des capitaux constituent des obstacles redoutables, mais non invincibles; il faut lutter contre eux et leur opposer d'ingénieuses combinaisons.

Les forêts exercent une notable influence sur la végétation. Non-seulement elles entretiennent un certain degré d'humidité dans l'atmosphère, adoucissent la température, modèrent la rapidité des vents ; mais encore, et surtout, elles jouent un rôle protecteur des plus efficaces contre l'un des plus redoutables fléaux, les inondations. A ce titre donc l'existence des forêts mérite la sérieuse attention de l'agriculture. Leur extension aussi bien que leur maintien importe à la sécurité publique d'une manière très manifeste. Le mécanisme de ce phénomène est des plus simples. Les végétaux des forêts offrent deux avantages également précieux : ils opposent un obstacle direct à la chute de l'eau des orages, et de plus, par leurs feuilles, ils offrent une très vaste surface à l'évaporation. Ce n'est pas tout. Le ralentissement que l'eau a éprouvé dans sa chute sur le sol est encore augmenté par les gazons qui croissent aux pieds des arbres. L'eau des pluies est ainsi obligée à une sorte de filtration lente qui n'est pas sans avantage, puisqu'elle retarde quelquefois de plusieurs jours l'arrivée des eaux dans les fleuves et les rivières qui serpentent au fond des vallées.

Et ce simple retard suffit souvent pour prévenir les tristes désastres causés par les inondations.

Le reboisement de nos montagnes mérite donc d'être puissamment encouragé.

La présence de l'eau est indispensable à la végétation. Tantôt les efforts de l'homme sont en lutte contre le manque; tantôt contre la surabondance de cet élément. Les végétaux manquent de vitalité, de vigueur là où l'eau est en quantité insuffisante; ils languissent et se décomposent partout où elle est en excès. Ces deux extrêmes sont donc également nuisibles à la prospérité de l'agriculture. Heureusement, ils ne sont pas sans remède. On donne, par les irrigations, la fertilité aux contrées arides, aux coteaux desséchés, et c'est à un moyen inverse, à l'écoulement, au drainage qu'il faut recourir pour assainir et fertiliser les marais. Les Anglais ont pratiqué sur une très large échelle le drainage de leur sol. La théorie de cette importante opération agricole est des plus simples : « Prenez ce pot de
» fleurs, disait un jour le président d'un Comice agricole
» aux personnes qui l'écoutaient; pourquoi ce petit trou
» au fond? Pour renouveler l'eau. Et pourquoi renou-
» veler l'eau? Parce qu'elle donne la vie ou la mort:
» la vie, lorsqu'elle ne fait que traverser la couche de
» terre, car elle lui abandonne les principes fécondants
» qu'elle porte avec elle, et rend solubles les aliments
» destinés à nourrir la plante; la mort, au contraire,
» lorsqu'elle séjourne dans le pot, car elle ne tarde
» pas à se corrompre et à pourrir les racines, et elle
» empêche l'eau nouvelle d'y pénétrer. »

Telle est dans sa plus grande simplicité la théorie du drainage. Il est impossible d'en donner une meilleure idée en moins de mots.

Ainsi donc, achever les voies de communication de toutes sortes, réaliser ces grands travaux d'ensemble afin de doter le pays d'un système rationnel d'irrigations et de drainage, tel est le premier but à poursuivre pour encourager efficacement l'agriculture. C'est là en quelque sorte l'amélioration de l'outillage national. Ensuite, supprimer les prohibitions, c'est-à-dire augmenter les débouchés, afin de provoquer, de stimuler la production. Il y a deux grandes sortes de débouchés, qui sont les débouchés intérieurs et les débouchés extérieurs. Ils méritent la même attention, et les uns ne doivent pas plus être négligés que les autres.

Si on favorise utilement le développement des seconds par la conclusion des traités de commerce avec les puissances étrangères, on favoriserait, non moins efficacement, les premiers par l'abolition des octrois. A tout considérer, c'est le même ordre d'idées qui conduit à renverser les douanes intérieures après avoir détruit ou du moins abaissé celles qui existent à l'extérieur.

Les octrois ont encore moins de raisons d'être que les barrières des frontières, cela est évident. La logique les condamne. La question des débouchés est la première étude à faire, si on veut conduire avec profit une exploitation rurale. C'est là surtout que se voit l'union étroite qui existe entre l'agriculture, l'industrie et le commerce. La création des débouchés constitue certainement un intérêt agricole de premier ordre. Le débouché est l'agent provocateur de la production par excellence. C'est avec infiniment de raison que M. Léonce de Lavergne dit quelque part : « Il n'y a qu'une loi qui ne souffre point d'exception et qui porte partout les mêmes conséquences, c'est la loi du débouché. »

En effet, si le cultivateur anglais s'attache surtout à produire de la viande, il ne faut pas croire que c'est uniquement parce que les animaux par leur fumier entretiennent la fertilité de la terre ; c'est aussi parce que la viande est un produit fort demandé dans toute l'Angleterre, et, comme tel, se vendant avec la plus grande facilité. La conséquence à tirer de ces faits est celle-ci : Veut-on encourager l'agriculture ? Qu'on développe l'industrie et le commerce qui multiplient les consommateurs ; qu'on perfectionne sans cesse les moyens de communication afin de rapprocher les consommateurs des producteurs, et le reste suivra nécessairement. Telle est la logique des choses. Il en est de l'agriculture à l'égard du commerce et de l'industrie, comme de la production des céréales qui servent à l'alimentation de l'homme vis-à-vis de la culture des plantes fourragères et de la multiplication des animaux domestiques. Au premier abord, il semble qu'il y ait opposition et incompatibilité, et au fond il y a un tel enchaînement que l'un ne peut progresser sans l'autre. C'est là ce que l'on peut appeler les grandes lois, les lois fondamentales d'une agriculture progressive.

Tout le monde est à peu près d'accord pour reconnaître que le bien-être général de nos populations s'est notablement amélioré dans ces dernières années.

Le pain de froment a remplacé dans plusieurs localités le pain d'orge ou de seigle d'autrefois ; la viande de boucherie a pénétré dans un grand nombre de villages, où de temps immémorial le lard salé était seul employé. Enfin, la somme générale des jouissances de toutes sortes s'est accrue dans une forte proportion. Ces changements sont heureux à tous égards. Ils ont pour premier avantage d'assurer une meilleure existence à des populations laborieuses obligées de fournir chaque jour un lourd et pénible labeur. Ils ménagent non-seulement les forces des générations présentes, mais encore ils assurent le développement des générations à venir. Si maintenant on envisage cette amélioration du bien-être général au point de vue exclusivement économique, on est obligé de reconnaître que ces modifications ne sont pas moins importantes. Elles ont pour ainsi dire créé un débouché intérieur, — débouché qui n'existait jusqu'ici qu'à l'état latent. — Or, l'extension des débouchés favorise toujours très puissamment le progrès agricole. C'est là un fait acquis démontré par tout ce qui se passe aux alentours des grandes villes manufacturières. Donc, le développement de la consommation intérieure provoquant la production doit être encouragé comme moyen direct d'améliorer l'agriculture.

Malgré ces progrès réels, il serait déraisonnable de prétendre que la consommation générale a atteint en France ses dernières limites. Il suffit, pour être convaincu à ce sujet, de voir nos populations du Centre, du Puy-de-Dôme et du Cantal par exemple. Sous ce rapport, la distance qui nous sépare des Anglais est considérable. Il est vrai que pour ces derniers la nécessité d'une nourriture abondante est plus impérieuse, à cause du climat et de quelques autres influences. Cependant, pour être vraiment satisfaisante, la consommation intérieure de la France présente encore bien des lacunes à combler. Mais, pour arriver à ce but, quels sont les moyens à suivre? C'est d'abaisser autant que possible le prix de revient des principales denrées alimentaires par le progrès agricole d'abord et par la suppression des taxes ensuite.

Nous l'avons déjà dit, les voies de communication facilitent les débouchés en rapprochant les consommateurs des producteurs. Malheureusement, il existe encore aujourd'hui en France nombre de personnes qui ne comprennent pas très bien l'évidence de ces vérités, la relation intime qu'elles ont entre elles. Il faut bien qu'il en soit ainsi, quand on entend des producteurs regretter les années d'abondance presque à l'égal des mauvaises années. C'est ainsi qu'un riche propriétaire de la Moselle, M. de Curel, a pu dire, pour peindre énergiquement la situation qui résulte de la grande fertilité de la terre, dans les pays insuffisamment pourvus de moyens de communications : *Nous étouffons sous nos récoltes.* N'est-ce pas là la preuve d'une agriculture primitive, locale ? N'est-ce pas là un non-sens économique des plus graves pour un temps comme le nôtre, puisqu'il semble autoriser l'homme à se plaindre de l'excès des biens que la Providence lui a prodigués ?

Ainsi donc, fournir des débouchés à l'agriculture, la doter des voies de communication nécessaires, répandre parmi tous les membres de la grande famille agricole toutes les connaissances scientifiques utiles à leur profession, sont autant d'indications essentielles et pressantes à remplir. Mais ce n'est pas tout, il faut encore compléter le tableau en perfectionnant les procédés d'exploitation, en propageant chaque jour davantage l'usage des machines par la grande culture, et enfin en créant une vaste et solide institution de crédit agricole.

Expliquons-nous sur ces différents points.

Les choses ont bien changé depuis quelques années.

Les bras, autrefois suffisants pour l'exécution des travaux, sont devenus actuellement fort rares et menacen tous les jours de le devenir encore plus. Le traité de commerce avec l'Angleterre nous oblige à rivaliser avec d'habiles adversaires, pourvus de tous les engins mécaniques qui multiplient le travail et en assurent l'économie. Où trouver le remède à notre situation ?

Dans la voie suivie par nos voisins, c'est-à-dire dans la grande culture, parce qu'elle permet mieux que tout autre le travail des machines. — Ces puissants auxiliaires nous sont indispensables, si nous ne voulons pas déchoir du rang que nous occupons. Depuis longtemps déjà la question des machines agricoles est posée en France. Sa solution n'a pu être aussi prompte chez nous qu'en Angleterre, à cause de la différence des situations. Mais, on peut le dire, jamais plus qu'aujourd'hui cette importante question n'a exigé une solution radicale et complète. Un agriculteur fort connu et en même temps fort distingué, M. Auguste de Gasparin, l'a traitée de main de maître. Avec une logique et une vigueur de talent incomparables, cet auteur s'est prononcé complétement en faveur des machines agricoles. Il n'a laissé aucune objection debout; il a invoqué à l'appui de sa thèse les considérations les plus philosophiques; en un mot, il a fait valoir tous les arguments les plus décisifs. Son travail est si complet, ses appréciations si élevées, si convaincantes, ses aspirations si profondément humanitaires, que nous ne pouvons résister à notre ardent désir de les reproduire en partie.

« En voyant marcher la charrue Granger, savez-vous ce qui m'a réjoui, dit M. de Gasparin? C'est de voir le laboureur droit et la tête haute, croisant ses bras et fumant sa pipe, suivre le sillon que traçait la machine; il était grandi d'un pied, d'abord parce qu'il n'était pas courbé sur les mancherons, ensuite, parce qu'il sentait qu'il y avait là un affranchissement, et que rien ne relève comme cette pensée. D'autres examinaient l'effet matériel de l'instrument, et au fond, c'était notre affaire, mais un sentiment profond m'absorbait: je ne pouvais me lasser de regarder mon homme, ce n'était plus un vilain ; son front longtemps courbé vers la terre pouvait contempler le ciel ; il se promenait comme un gentilhomme, et c'était Granger qui avait signé ses lettres de relief. Voilà encore un pas que l'homme vient de faire vers la liberté, vers cette liberté qui se sent, et sous laquelle on respire ; ici, ce ne sont pas de vaines paroles, ce ne sont point ces joies d'estaminet et de rues qui ne laissent que des souvenirs pénibles, mais une liberté fondée sur un fait et sur un bonheur ; ainsi l'on voit l'esclavage de l'homme s'abolir par l'emploi de son intelligence, par la disposition qu'il fait des forces de la nature, qui viennent suppléer incessamment à ces efforts si pénibles pour lui et d'un si faible résultat.

» Tour à tour la philosophie et la religion, en proclamant les grands principes de liberté et d'égalité, sont restées impuissantes pour les faire prévaloir. Est-ce que l'esclavage n'existait pas à côté de la philosophie antique? Est-ce que l'esclavage n'a pas été importé et maintenu dans nos colonies par des chrétiens, soit qu'ils sortissent de la catholique Espagne ou des états protestants? Est-ce que les meilleurs principes n'ont pas toujours cédé aux nécessités, que dis-je, au nécessités! aux simples goûts, aux fantaisies, au café, au sucre, aux plus légers, aux plus futiles tissus? N'est-pas pour eux qu'on fait la traite et la guerre, que les noirs s'égorgent et se tendent, que les Européens se combattent? N'est-ce pas pour eux qu'on maintient l'esclavage, soit cet esclavage antique, l'esclavage du glaive, soit cet autre esclavage, l'esclavage de l'argent, qui ne tue pas, mais qui laisse mourir, cet esclavage héréditaire de l'habitude, de la naissance, de la faiblesse, de l'abrutissement?

» Ainsi les théories morales et religieuses, isolées du concours des sciences positives, seraient sans effet pour la rédemption temporelle de l'humanité; l'homme resterait l'esclave de la nature, s'il n'apprenait à la dompter et à maîtriser ses forces; *c'est de son intelligence seule qu'il doit attendre sa liberté, c'est de ses efforts scientifiques que doit sortir le nouvel ordre social, la grande émancipation que l'inquiétude des masses entrevoit, mais ne peut expliquer encore.*

» Dans ces crises solennelles qui préparent notre avenir, chacun cherche avec anxiété les causes qui les ont produites, les résultats qu'on doit en attendre; chacun, sous l'empire de ses réflexions ou de ses préjugés, veut expliquer les unes ou pressentir les autres; chacun, selon son existence sociale, prend position pour la défense ou pour l'attaque; aucun n'est à l'abri de funestes pressentiments, et, sous leur fascination, incapable de se confier au présent qui échappe, on s'élance, on est entraîné vers cet avenir incertain. Cette incertitude tient à ce qu'on n'a pas compris *les nécessités qui nous pressent, et qu'on veut chercher dans le passé des remèdes à une position sans exemple.* Jusqu'ici l'inquiétude sociale a cherché ces remèdes dans des renversements de trônes et dans des croyances religieuses; on a pendu des ministres et décapité des rois; on a gagné des batailles ou invoqué le sacerdoce, et à chacun de ces actes impuissants, la joie publique exaltée s'est écriée: Le pays est sauvé; et le pays, toujours sauvé, s'est trop souvent trouvé le lendemain dans une position plus précaire. Mais ce n'est ni de trône, ni de république, ni de ministres, ni de batailles, qu'il peut être désormais sérieusement question : le genre humain, ennobli par l'étude, vient de briser ses fers ; des forces immenses et jusqu'ici inconnues viennent lui prêter leur appui ; son émancipation se proclame au bruit des machines industrielles ; il vient revendiquer des droits suspendus par sa première chute: voilà le grand événement qui se prépare, qu'on ne comprend pas assez, qui bouleverse les esprits, surprend les intelligences et jette le vertige dans les sociétés modernes.

» Supposons un moment que des routes en fer fussent établies dans toutes les directions ; que des machines locomotrices y transportassent les fardeaux ; que la charrue à vapeur sillonnât nos champs ; que des pompes éoliennes, ou mieux encore, un vaste système de canalisation amenassent l'irrigation sur tous nos terrains : alors, tout d'un coup, le cheval de charrette, de poste e_t de labour, et celui qui tourne péniblement le manége du noria deviendraient inutiles ; le seul cheval de selle et de guerre, celui qui donne du plaisir, qui bondit sous le cavalier, et dont aucune machine ne peut remplacer l'intelligence et la valeur, serait le seul recherché ; la race s'épurerait de tout ce qui n'est pas supérieur en élégance et en beauté ; les nobles travaux relèveraient 'espèce, et l'on verrait disparaître les difformes produits de l'esclavage et les tortures infligées à des êtres avilis.

» Voilà ce qui se passerait pour le cheval : voyons maintenant ce que l'emploi des machines a successivement fait pour l'homme ; voyons ce qui lui reste à faire ; examinons les moyens d'obtenir par les transitions ce que les changements trop brusques auraient de funeste, et considérons les résultats qu'on doit attendre de ces changements.

» Cette révolution, que nous avons supposée dans l'espèce chevaline, devient imminente pour l'humanité tout entière ; elle doit l'ennoblir de plus en plus, à mesure que les emplois les plus vils seront remplacés par l'action des machines : ainsi quelques-uns de ces emplois étaient tels et sont tels encore que des esclaves seuls, sous l'empire du droit de vie et de mort, pourraient s'y résoudre.

» Les moulins sont venus affranchir cette foule d'esclaves qui, chez les anciens, étaient occupés à piler du blé dans des mortiers, ou à tourner des meules à bras ; ils ont créé à leur place les meuniers et leurs garçons, qui sont en général des hommes assez considérables dans leurs villages, et qui, bien qu'assujettis à des soins pénibles, ont aussi un travail d'intelligence dans la disposition de l'eau, du vent et du mécanisme qu'ils emploient. On trouve parmi eux des citoyens souvent riches et considérés ; ils ont leur influence politique dans le pays ; ils remplacent des misérables que le sort des armes ou les malheurs de la naissance condamnaient à une action mécanique qui les classait, sans contredit, au dernier degré d'intelligence et de développement moral.

» Voilà donc toute une classe spéciale et indispensable relevée, par une roue de bois et une meule de pierre, de la servitude à l'indépendance, de l'abrutissement à la dignité, de la bête à l'homme : sous l'action de l'intelligence, l'arbre et la pierre valent tout un code.

» Donnez les mêmes éléments à un homme vulgaire, et au XIX⁰ siècle, vous aurez un moulin à bras, prôné par d'imbéciles journaux, et qui ne tendrait à rien moins qu'à changer encore quelques hommes en machines rotatoires, si toutefois l'homme affranchi consentait à reprendre ses fers. Gardons-nous, cependant, d'en tenter l'expérience.

» Tout le monde peut se rappeler ici l'histoire de ce pauvre Dumont, cocher à la cour de Louis XVI, qui, pris par les Algériens, tourna pendant vingt-cinq ans le noria de ses nouveaux maîtres ; de cocher adroit et intelligent, il était devenu bête de somme, et l'était devenu en tout point ; sa force de trait était incroyable ; il crevait tous ceux qu'on accolait avec lui dans son odieux travail ; la corne avait poussé sous ses pieds calleux ; délivré en 1816, incapable de se conduire dans sa nouvelle position de liberté, il mourut de misère sur une borne de Paris, où l'instinct l'avait ramené, versant des larmes de regrets au souvenir de son cher noria : il n'est que trop vrai qu'un emploi avilissant dégrade tout l'être, l'intelligence, la moralité comme le corps.

» La navigation s'est faite longtemps au moyen de la rame, et ce travail était tellement dur, que les esclaves chez les anciens, les malfaiteurs chez les modernes, sous le nom de galériens, étaient commis à cet ouvrage. Courbés sous le bâton et livrés aux plus cruels châtiments, ils accomplissaient péniblement leurs tâches ; la voile fut leur délivrance, et l'heureux rédempteur qui le premier vint l'attacher au mât rompit à la fois bien des chaînes, arrêta bien des bras inhumains et vint tarir bien des larmes ; mais cet affranchissement n'est point complet encore : le mousse est obligé de courir sur les vergues, le matelot de s'attacher aux câbles, et la garcette est là pour répondre du zèle et de l'activité dans l'accomplissement du devoir. La vapeur s'applique-t-elle à la navigation? Un ouvrier intelligent qui conduit le feu, un pilote qui tient le gouvernail, remplacent et mousses et matelots; plus de garçettes, plus de jurements à bord; les derniers vestiges de l'esclavage ont disparu de ce théâtre de violence et de tyrannie; vous n'y trouverez plus que des hommes bien vêtus et bien nourris, parce qu'ils sont rétribués selon leur mérite; remplis de dignité, parce qu'ils sentent ce qu'ils valent; qui vous parleront des effets physiques de la vapeur, des moyens de la maîtriser, de la puissance et de la disposition des machines: l'intelligence est venue remplacer la force.

» Mon grand-oncle me contait que, dans sa jeunesse, faisant le commerce de soie avec Lyon, quand il avait des ballots à y transporter, son domestique les chargeait sur le dos de ses mulets et les conduisait ainsi à soixante lieues de sa résidence pour être livrés aux fabricants; souvent, pour plus de sûreté et pour protéger le convoi, il montait lui-même à cheval et arrivait de la sorte à sa destination. A cette même époque, les bacs étaient encore rares; on trouvait, au bord des rivières, des guides qu'il nommait *gaffareaux*, qui conduisaient les animaux d'une rive à l'autre, transportaient les hommes sur leurs épaules; au passage de la Durance, les échasses étaient de la partie et ne rendaient pas le jeu plus plaisant. Le commerce se développant, la charrette dut intervenir, les bacs s'établirent; plus tard les ponts suppléèrent à leur insuffisance, et l'on dût s'écrier alors: Que deviendront les gaffareaux? Que deviendront les muletiers? Les gaffareaux, que je sache,

n'ont point réclamé leur pénible et dangereux emploi ;
les muletiers devinrent charretiers, et le fileur et le fabricant, les muletiers et les mules s'en trouvèrent
mieux ; la marchandise fut remise à des hommes ayant
plus de responsabilité, ordinairement à des fermiers qui
employèrent au roulage leurs bêtes de travail en temps
perdu ; ils purent répondre des valeurs qu'on leur con-
fiait ; on cessa d'exercer une surveillance pénible ; plus
tard, les diligences se chargèrent des objets les plus
précieux ; le transport fut plus prompt ; on eut la garantie des compagnies de roulage, et une foule d'employés intelligents remplacèrent des hommes grossiers,
qui ne tardèrent pas eux-mêmes à monter au niveau de
la nouvelle civilisation. S'il fallait encore avoir recours
à eux, il en faudrait une file non interrompue de Mar-
seille à Lyon ; à la moindre stagnation d'affaires, une
armée mécontente serait là prête au désordre. Mais déjà
cette file existe pour les charrettes ; les matériaux, pul-
vérisés par les énormes voitures provençales, ne
peuvent résister à la fréquence et à l'intensité des
chocs. Après moins d'un siècle, ces charrettes, dont
l'introduction parut une énormité, ne peuvent suffire
aux besoins d'un commerce qui a centuplé d'extension ;
le canal latéral du Rhône a été sauté à pieds-joints ;
l'ère des chemins de fer est arrivée ; que deviendront
les chevaux ? Ils iront, pour un siècle encore, ouvrir le
champ natal ; le charretier les y conduira avec la charrue Granger, les bras croisés et la tête haute ; et, au lieu
des pénibles travaux de la route, accomplis au vent, à la
pluie, au verglas, ils ne sortiront qu'au beau temps, ou
se reposeront dans la chaude écurie.

» Le canon a civilisé la guerre ; cette guerre qui,
chez les anciens, se faisait au couteau, de la main de

spadassins féroces, se conduit aujourd'hui par les hommes les plus polis et les plus instruits du monde, et *la victoire reste à la science*. Deux projectiles lancés avec précision ont suppléé, à Anvers, à des assauts meurtriers, où les vainqueurs, décimés, se fussent baignés dans le sang, et où les vaincus eussent été passés au fil de l'épée. Encore quelques procédés pareils, et la mer ne peut plus être le théâtre que des paisibles transactions commerciales ; un seul de ces projectiles détruirait un vaisseau, et quelle que soit l'audace de l'homme, s'il affronte les hasards de la guerre, il fuit la certitude de la destruction. Des sommes immenses cesseront d'aller s'engloutir en pure perte dans nos ports, nos forêts de tomber sans fruit sous la hache pour s'abîmer dans l'Océan. Rendre les armes terribles et leurs effets inévitables, c'est établir la paix perpétuelle sur une base plus inébranlable que celle des traités. Et, sans parler ici des Centaures vaincus par les Lapithes, voyez partout la machine dompter la force brutale ; n'oublions pas que les archers anglais gagnèrent les batailles d'Azincourt et de Poitiers, que les armes de trait délivrèrent deux fois la Suisse et de la domination de l'Autriche et des prétentions de Charles-le-Téméraire, et permirent à une province de lutter contre un empire ; qu'en 1814, les chasseurs d'Amérique réduisirent à l'impuissance l'armée la plus aguerrie qu'Albion eût jetée sur ses côtes ; les frégates à vapeur donnèrent la chasse à ces vaisseaux de haut bord accoutumés dès longtemps à la domination des mers ; elles proclamèrent la victoire du génie sur la force brutale, et prouvèrent à bon droit que les armes perfectionnées sont le rempart de la liberté et de la civilisation.

» L'imprimerie a sécularisé la science; elle l'a exhumée de l'enceinte des cloîtres, et, lançant dans le monde son char longtemps embourbé, elle a brisé le sceptre du moine et émancipé l'intelligence ; sous la presse ou sous le cylindre, la pensée s'est élancée forte et innombrable; reine et dominatrice, elle s'est assise sur le trône du monde, et cela par l'intermédiaire d'un frêle caractère d'étain.

» Dans la récapitulation, bien incomplète sans doute, mais suffisante, que nous venons de faire, nous avons vu bien des fers brisés par les machines, beaucoup d'emplois pénibles ou avilissants remplacés par de nobles occupations et d'heureux loisirs accordés à la classe travaillante ; *ces précieux loisirs sans lesquels la pensée n'existe pas, sans lesquels l'âme ne peut réagir.* »

Et plus loin, M. de Gasparin continue de la manière suivante :

Un bon semoir pour le blé, en plaçant régulièrement le grain et épargnant ainsi la moitié de la semence et la nourriture en France de trois millions d'hommes, mettrait désormais le pays hors des atteintes de la disette, fournirait l'aliment d'un commerce extérieur, étendrait ses moyens d'échange, détruirait à la fois les insectes destructeurs, qui soutiennent leur population de l'excédant du grain répandu, et les plantes parasites en faisant passer la culture du blé au rang de la culture sarclée, et anéantirait ainsi cette double armée de guérillas, qui, mieux que les rois des forêts, défendent la nature sauvage des envahissements de la civilisation.

» Une bonne machine à battre le blé, en dispensant de l'action du fléau, libérerait bien des bras dans les pays où l'on emploie encore cet instrument. Aidés par la nature du climat et par cette paresse qui a aussi son bon sens et son génie, les peuples méridionaux se sont affranchis dès longtemps de ce fatigant procédé ; le cheval ou le mulet qui a ouvert la terre aux semences vient dépiquer la moisson ; tout un système agricole est sorti de cet usage, et les bœufs, peu aptes à ce travail, ont été remplacés par des animaux plus légers ; une machine à battre le blé substituerait, dans le Midi, les bœufs à ces attelages coureurs ; à la fin de leur carrière, au lieu d'une inutile pâture jetée à la voracité des carnassiers, on recueillerait la meilleure nourriture qui puisse s'appliquer à l'entretien de l'homme.

» Mais qui peut calculer tous les résultats d'une bonne machine? Les bœufs ne peuvent se multiplier sur une immense contrée sans qu'un système pastoral étendu s'établisse ; les vaches et leur précieux laitage, et les joies de la jeune famille rustique, et la santé des enfants, et la fraîcheur des filles, tout cela peut devenir la conséquence d'une roue et d'un manége.

» La navigation intérieure, qui va se développer par les chemins de fer et la vapeur, prépare l'ère de la civilisation continentale, tandis que la navigation maritime n'avait pu influer que sur des contrées spéciales qui facilitaient son action. »

Et plus loin encore, M. de Gasparin ajoute :

La grande objection à mon système de délivrance par les machines est l'exemple de l'Angleterre ; voyez, me dira-t-on, en Angleterre, vingt millions de bras remplacés par la vapeur : et tel en est le résultat, que huit millions de mendiants n'en ont vu qu'empirer leur condition, et qu'ils souffrent et meurent à côté de cette exubérance de forces, qui aurait dû tourner au soulagement de la nation tout entière. Veut-on ainsi nous rendre Anglais? Et qu'est-ce qu'être Anglais? Est-ce disposer des richesses du monde, vivre au large et parcourir l'Europe en landau! Est-ce chasser au renard et courir sur les meilleurs chevaux du monde? Fst-ce être le type du fashionnable et le plus beau joueur de l'univers, et, blasé sur tous les plaisirs, finir par le suicide ou la consomption? Oui, mais c'est aussi mourir de dénûment au sein de l'abondance; là où le blé fait douze fois la semence, c'est tendre la main à l'aumône, et c'est mourir de froid dans un pays où la poussière est du charbon. Est-ce vers cet état absurde que nous marchons à grands pas?

» Il serait injuste d'attribuer aux machines cet état déplorable; ce sont les lois aristocratiques qui sont la plaie de ce royaume. En substituant les terres, elles privent la presque totalité de la nation du droit de propriété terrienne; elles crient aux Anglais de toutes parts: Vous avez été vaincus. C'est dans la propriété que le paysan trouve l'indépendance; pour qu'un marché ait toute sa liberté morale, il faut que les contractants aient une position indépendante. Chez nous, le paysan ne vend son labour qu'à un bon prix; si on le lui refuse, il a son champ qui le réclame et qui sait payer son travail: aussi, est-il parvenu à pousser le prix de la journée à un taux qui lui permet une vie complète.

» En Angleterre, dépossédé de la terre, il travaillera pour vingt sous, pour dix, pour le morceau de pain qu'on lui jettera, pour l'aumône de la paroisse; car les conditions du marché ne peuvent dépendre que du bon plaisir du maître. Dans un tel pays, on a encore des enrôlements mercenaires, et la presse maritime peut s'exercer sur les hommes hors du droit, hors de la loi, hors de la société ; mais par la libre position qui, en France, est acquise aux cultivateurs, toute la nation agricole se trouve complétement affranchie : nation immense, qui tend à comprendre l'universalité des Français. C'est ce qui manquera aux Anglais, tant que leurs terres resteront substituées dans les familles nobles ; un état ne se constitue point naturellement ainsi : c'est une empreinte de servitude, c'est la conquête, c'est le Normand qui règne encore.

» En vain un peuple d'ouvriers, qui n'a pas sa racine dans le sol, aspire-t-il à l'indépendance; ses coalitions, ses émeutes ne font qu'aggraver sa position, leur effet n'est qu'éphémère ; les besoins impérieux de l'existence et l'incessante nécessité d'un travail spécial le tiennent à la gorge et rendent vaines ses tentatives de résistance ; sa condition s'en empire, l'industrie se déplace, et la misère, plus poignante, vient l'asservir encore plus. Mais, dans un pays agricole, tout change de face pour l'ouvrier. L'autre jour, à Tarascon, je me présentais chez mon sellier, il était à la campagne ; chez l'armurier, il chassait aux alouettes dans ses terres ; chez le marchand, il faisait cueillir ses olives; pas un ne se fût dérangé pour venir exercer son état de ville. Qui était le prolétaire? C'était bien moi, qui avais besoin de tout le monde ; ou plutôt personne ne l'était, car je pouvais dire à mon tour que rien ne m'arracherait de l'ombre de mon figuier.

» Si les hauts fourneaux devaient remplacer la tour féodale ; s'il devait se former une aristocratie financière qui multipliât autour d'elle le prolétariat ; si une funeste charité devait créer autour de nous ces taxes des pauvres, qui ne sont que des arrhes accordées à l'esclavage ; si nous devions descendre à l'état de l'Angleterre et renoncer à cette indépendance dont je viens de faire le tableau, ah ! n'ouvrons pas la boîte de Pandore, repoussons loin de nous ces infernales machines ; détruisons la propriété, ou réduisons-là au *jugerum* des Romains ; plantons des châtaigniers, et croisons-nous les bras, comme le Corse ; comme le Corse que les temps n'ont pu changer, dont les Romains ne purent faire un esclave, et qui, sous la force de ses institutions communales, est encore aujourd'hui ce qu'il fut chez les Romains, repoussant une civilisation incomplète qui ne promet qu'une liberté équivoque.

» Tout mauvais principe est restrictif de sa nature, car ses conséquences extrêmes sont l'absurde ; au contraire, tout bon principe demande à être libre dans son développement ; ce n'est que par son extension qu'on peut sentir sa justesse et son excellence. C'est parce que l'Angleterre n'est pas complétement dans le vrai, que ses lois ne sont pas au niveau de sa civilisation, que des entraves sont mises à la libre transmission du sol, que le travailleur ne peut ainsi baser son indépendance ; que, malgré tous ses progrès et les efforts de tant d'intelligences supérieures, la masse de sa population reste étrangère à sa prospérité. »

Poursuivant son sujet, M. de Gasparin s'exprime encore comme il suit:

« Ainsi, quelles que soient les perturbations que semble apporter l'emploi des machines, l'immensité de travail qu'elles exécutent doit tourner au profit général de la société ; chacun de ses membres trouvera la vie et le vêtement dans les profusions de produits jetés sur la face de la terre. L'Angleterre elle-même, en rivalité commerciale et industrielle avec toutes les nations du globe, cessant d'être la grande manufacturière de l'univers, tendra la main à ses propres enfants, et l'aisance universelle naîtra de l'encombrement des richesses.

» C'est aux machines donc à opérer l'affranchissement. du genre humain; partout, jusqu'à présent, la liberté même a marché.de conserve avec l'esclavage; les Spartiates avaient leurs ilotes, et les Romains leurs esclaves: c'est que l'homme seul en présence de la nature, a besoin d'efforts pour la dompter et que ces efforts sont un travail manuel, et qu'un travail imposé est l'esclavage. Ce n'est que parce que les anciens avaient des esclaves chargés de ces efforts, qu'ils pouvaient remplir le forum et le théâtre, s'occuper des grands intérêts de la patrie, et accomplir cette noble vie de loisir, qui pousse aux grandes conceptions et aux grandes choses. L'incomplète civilisation, qui a appelé les animaux à partager nos travaux, a adouci l'esclavage sans le faire disparaître entièrement; ils n'ont prêté qu'un secours imparfait ; l'homme, qui les a conduits et dirigés, a été assujetti à une surveillance et à des soins plus ou moins pénibles, et n'a pu trouver dans leur coopération qu'une délivrance partielle. Vos forums déserts, vos scrutins vides de noms, votre force nationale incomplète, ne vous annoncent que trop que l'homme est encore attaché à la glèbe, et que les intérêts généraux, quelque puissants qu'ils puissent être, fléchissent devant les besoins journaliers et ces occupations incessantes qui sont les conditions de la vie. Mais l'homme animant les forces matérielles de la nature, leur soufflant une âme et leur disant: marchez, a conquis son indépendance ; il en a fait son esclave, le plus parfait des esclaves qui ne sent rien et qui travaille ; ce n'est que de ce moment que peut dater la liberté générale ; dès lors qu'il se forme deux grands groupes dans le monde : l'humanité d'un côté, maîtresse de l'univers et jouissant noblement de sa souveraineté, et de l'autre, la nature matérielle obéissant à son commandement et pourvoyant à tous ses besoins.

» La seconde objection faite à mon système est le déclassement social, qui va résulter de l'emploi des machines ; on ne manquera pas de dépeindre le bouleversement général, le renversement des industries établies, la guerre intestine des intérêts compromis, l'ouvrier manquant d'ouvrage et de pain, et maudissant l'intelligence, c'est-à-dire le rayon divin, la divinité elle-même.

» Mais les moyens manquent au génie même pour opérer de trop rapides effets ; il y a plus de mille ans que les esclaves sont devenus meuniers ; c'est à l'époque des Croisades que l'usage de la voile a été plus généralement introduit et a changé ses galériens en matelots ; il y a vingt-cinq ans qu'on parle de bateaux à vapeur, et le nombre en est encore trop borné ; et nous n'avons encore que trente lieues de chemin de fer, et le canon brise les rangs depuis trois siècles, sans avoir acquis l'effroyable puissance qui doit un jour imposer silence à la guerre.

» Ainsi la timidité des innovations, la lenteur des résultats, sont déjà une garantie contre ces brusques perturbations dont on signale les dangers ; mais il est un grand moyen de préparer l'homme aux chances de l'avenir : c'est de le sortir des spécialités trop absolues par le développement de son intelligence, par l'instruction. C'est aux jeunes hommes instruits et patriotes, c'est aux femmes pieuses et charitables à suivre et à encourager les écoles où notre jeunesse doit se former à une vie nouvelle ; c'est à eux de détruire ce système, qui tend à plonger de plus en plus des êtres si dignes d'intérêt dans l'avilissement ; c'est à eux de sentir qu'ils peuvent planer encore, par leurs vertus, sur une société ennoblie par l'étude ; il faut se sentir bien bas pour n'espérer dominer que sur des classes abruties. »

. . . .

« Vous admirez les lacs de la Suisse, et ses fraîches vallées, et ses limpides eaux, et vous venez ensuite soupirer tristement aux bords de vos torrents, tantôt desséchés, tantôt fougueux et dévastateurs; vous les voyez entraîner rapidement les débris de vos vallées décharnées! Faites des lacs artificiels, barrez par d'immenses digues l'issue de ces vallons affreux ; que le lac s'élève sur la pierraille; que l'eau limpide, sagement ménagée, aille régulièrement toute l'année, et sans interruption, rafraîchir le sol inférieur, alimenter les usines indispensables à votre industrie ; que les présents du printemps viennent ranimer l'été ; que des dépôts . immenses comblent successivement la profondeur des abîmes, et lèguent à la postérité la fertilité du Valais ou les charmes de Bax. Voilà notre Suisse, non créée au hasard, mais construite par l'intelligence, échauffée par notre soleil! Elle est en Dauphiné ; et cette seconde conquête vaudra la première, et elle lui est indispensable, comme les Alpes sont indispensables à l'Italie.

Et puis vous irez encore arracher une Hollande à notre Océan ; et puis vous ferez un port de Paris, une Angleterre de toutes pièces autour de notre capitale ! Et quand tout ce qu'il y a de plus noble en Europe sera surpassé par notre pays, alors notre suprématie ne sera plus contestée et nous n'aurons pas besoin de nos sanglantes baïonnettes pour arracher ce cri : *Voilà la grande nation !..... »*

Enfin, M. de Gasparin dit en terminant :

« Dans l'examen que nous venons de faire, nous avons vu que les machines, en se substituant incessamment à l'homme, en ont amélioré la position. Quel est le meunier qui voudrait redevenir esclave,. le matelot galérien, le conducteur de diligence muletier? Quel est le paysan qui, se fiant à la légèreté de ses chevaux, voudrait encore s'armer du fléau? Quel est celui qui, comme Dumont, consentirait à tourner un manége? Ce qu'elles ont fait, les machines peuvent le faire encore ; elles peuvent accomplir de plus en plus la délivrance de l'humanité ; le déclassement qui surviendra de leur travail s'opérera comme les autres, et mieux encore, parce qu'il sera successif, parce qu'on disposera par l'étude la population à entrer dans les voies nouvelles, parce que les campagnes plus heureuses et plus honorées garderont leurs enfants, parce que la propriété deviendra universelle et assurera l'indépendance des travailleurs, parce que les gouvernements seront assez éclairés pour se créer des forces immenses et les disposer pour le bien-être général. Dans ce travail du corps social, il n'y a que les mouvements brusques et les transitions violentes qui soient à redouter. Quand une pente, sagement préparée, reçoit les eaux du canal, elles courent vivifier toute une contrée, soit qu'on les disperse en fontaines fertilisantes, soit qu'elles transportent les matériaux du commerce ; mais rompez les niveaux, et la cataracte impétueuse, et la cascade mugissante ne laisseront après elles qu'un spectacle de dévastation. Quelques esprits rêveurs se plaisent à ces violences de la nature; le voyageur vient s'en étonner un instant, mais il ne fixe pas sa tente à leurs pieds. Ce sont les mauvais amis qui viennent pousser le flot populaire, qui le font jaillir en écume ou précipiter en torrents ; c'est un sentiment d'orgueil, ou d'égoïsme, qui fait hâter les résultats. La vie des nations est longue, et la génération fugitive n'a pas plus le droit de se dire la nation que la feuille légère ne constitue l'arbre : ce sont les grands souvenirs, ce sont vingt siècles de travaux et de gloire. dont chacun est venu apporter son tribut, qui font cet arbre national dont nous ne sommes pas même un rameau.

» Toutefois, quelque ménagé que soit un mouvement national, les changements préoccupent toujours ; l'esclave vous écrasera de ses fers si vous les brisez imprudemment, et Riego tombera aux acclamations d'un peuple stupide. J'ai vu le jeune Anglais regretter les coups de bâtons d'Oxfort et de Cambridge, sous les punitions moins avilissantes des colléges français ; je l'ai vu les réclamant comme un droit, un code écrit, une liberté ; c'est que, de quelque manière que s'opère un développement, les contemporains sont toujours mal placés pour en juger la portée ; l'évolution qu'il commande ne s'opère jamais sans déchirement qui empêche de sentir ses conséquences futures.

» Mais à mesure que j'avance dans mon travail, la question s'agrandit, elle devient immense comme l'univers ; c'est qu'elle le remplit, c'est qu'elle doit le changer. La vapeur, auxiliaire de l'homme, et l'homme, émanation de la suprême intelligence, saisissant le

levier qui servit aux géants pour entasser Ossa sur
Pélion, dirigeant la force qui fait les volcans et soulève
les montagnes, qui façonne à son gré la terre,
n'est plus le proscrit de la terre, ni l'humble jardinier
d'Eden ; il s'est fait ange, il a le secret de la création ;
mais le monde entier s'est affranchi avec lui. Si les
combustibles minéraux deviennent insuffisants, les
forêts plus nécessaires s'élèveront sous la main de
l'homme ; n'a-t-on pas vu les montagnes de l'Ecosse,
nues comme les nôtres, se reboiser en trente ans, et le
plus aride rocher du monde, à Nîmes, se couvrir d'une
brillante verdure ? Hé bien ! nos tristes montagnes ver-
ront leur front se couronner ; la futaie viendra remplacer l'humble plante, et la haute stature des bois le
chaume des moissons ; la culture du chêne entrera dans
l'assolement, comme en Béarn ; et, sur les terrains
féconds, sous l'eau jaillissante de la terre à la pression
des machines, prendront, en vingt ans, des formes sé-
culaires, comme mes chênes de Lacointe ou les bosquets
de Beauregard. Ainsi que nous l'avons vu pour le
cheval et pour l'homme, la terre s'embellira dans ses
productions végétales ; partout les géants remplaceront
les nains, et le triomphe de l'intelligence sera l'enno-
blissement de l'univers.

» Je crains qu'un pareil travail ne paraisse bien singulier pour le fond et pour l'expression. Je dois, en
terminant, un mot d'explication : Livré à l'isolement
des champs, absent du siècle, j'aurais dû m'abstenir
d'exprimer des idées nées de la solitude, et qu'aucun
frottement social n'a modifiées ; elles doivent arriver
gauches et étrangères, au milieu d'un monde policé
que l'habitude de la discussion a éclairé, qui a ses
pensées et son langage de convention. Mais un sen-

timent puissant me poursuit ; il me semble que le crime de Caïn pèse toujours sur nos têtes, tant que nous restons entourés des victimes de notre civilisation, et que depuis les premiers temps le fratricide se perpétue sans interruption. J'ai entendu cette voix terrible : « Qu'as-tu fait de ton frère ? » Et je n'ai pas caché ma face, et je me suis montré le tenant par la main. »

Il n'y a pas une ligne, pas un mot qui n'ait sa signification dans le remarquable travail de M. de Gasparin. Que pourrait-on y ajouter ? Rien assurément. Il nous semble impossible de mieux penser. Quel commentaire n'affaiblirait pas l'impression produite par une si haute raison ! N'ajoutons rien ; laissons subsister tout entière la pensée de M. de Gasparin. Mais ne nous défendons pas de l'émotion que cette lecture produit sur nous.

Cette lecture, nous l'avons recommencée plusieurs fois, et toujours avec un nouvel attrait. Nous avons médité la pensée, l'âme de ce travail. Quelle générosit et quelle élévation de sentiments ! Quel charme d'expression et quelle grandeur de vues ! Nous avons sent et admiré. Non, rien n'est plus consolant que cett sublime idée de l'émancipation de l'homme par le travail et l'étude, idée si bien, si clairement exprimée qu'elle est rendue saisissante. Quel plus beau rêve ! Et pourtant chaque jour le change en réalité ! Oui, le travail et l'étude enfantent les machines, et les machines à leur tour affranchissent l'homme ; elles le relèvent du dernier esclavage, celui de la nécessité sociale. Nous l'avouons sincèrement, un tel prodige nous émeut, un tel prodige nous séduit.

Oui, la Foi dans le Progrès et dans l'Avenir, la Foi de M. de Gasparin est aussi la nôtre. N'est-elle point préférable, après tout, cette foi de la dignité humaine, de la fraternité universelle, au froid égoïsme du passé? Tandis que le culte d'autrefois exigeait de sanglants sacrifices, des milliers d'hécatombes humaines, celui de demain multipliera, embellira et améliorera la vie.

A la redoutable question du dernier jour : « Qu'as-tu fait de ton frère? » réservons-nous la consolation de pouvoir répondre : Seigneur, j'ai trouvé mon frère esclave, et j'ai brisé ses fers; il n'était qu'un prétendant, et j'ai cru remplir vos augustes desseins en l'ennoblissant, en me l'associant, en le faisant véritablement régner sur la création.

Ainsi, pour nous, il est suffisamment démontré que le travail des machines est le plus économique.

Mais revenons maintenant à un autre sujet, celui de l'instruction agricole.

Sans faire une critique exagérée de ce qui existe, il est permis de trouver que l'enseignement de l'agriculture, tel qu'il est organisé aujourd'hui, laisse beaucoup à désirer en France. Trois écoles régionales pour tout l'empire sont, à coup sûr, insuffisantes pour propager, comme il convient, ces lumières qui font encore si grand défaut à la majeure partie des cultivateurs français.

Nous croyons que, pour vulgariser rapidement la science de l'économie rurale et toutes les connaissances qui s'y rattachent, il est, sinon nécessaire, du moins utile de créer deux degrés dans l'enseignement agricole.

L'instruction du second degré serait plus pratique que théorique ; on la donnerait dans une école spéciale créée au chef-lieu de chaque département. Des terres pourraient être affermées à cet effet. Grâce à une création de ce genre, les jeunes gens qui se destinent à la profession de cultivateur trouveraient près d'eux, et par conséquent sans grande dépense pour leurs familles, une instruction élémentaire, mais cependant suffisante pour les mettre à même d'apprécier les meilleures cultures, les avantages d'une comptabilité régulière, et quels sont les systèmes qui conviennent le mieux à leurs localités respectives. Il y a plus encore : si nous ne nous faisons point illusion, les connaissances ainsi acquises par quelques-uns se propageraient de proche en proche, par la seule influence de l'exemple, de sorte qu'elles profiteraient même à ceux que des conditions moins heureuses auraient privés de cet enseignement professionnel. Enfin, la multiplication des écoles d'agriculture aiderait encore au progrès d'une autre manière. Nul doute que les divers corps enseignants seraient composés d'hommes distingués, et, comme tels, pouvant prêter un concours efficace aux Comices, aux Sociétés agricoles pour arriver à la solution des nombreux et difficiles problèmes qui se posent à chaque instant en agriculture.

Les dépenses que de pareilles institutions imposeraient aux départements seraient largement compensées par les précieux avantages que nous venons d'énumérer. A n'en point douter, ces dépenses se traduiraient bientôt par une augmentation notable de revenu.

Enfin, un enseignement plus complet, plus scientifique serait donné dans une autre école entretenue aux frais de l'Etat. Dans cet établissement, les hommes les plus compétents, les mieux choisis seraient appelés à enseigner tout ce que la science a de plus élevé dans ses applications à l'agriculture. Cette école impériale serait le couronnement des hautes études agricoles.

·Il faut le dire, jusqu'ici ces écoles spéciales ont été trop rares. Malgré l'éclat qu'ont eu celles qui existent, il est facile de voir qu'elles n'ont pas partout détruit l'ignorance.

Après avoir développé sur de larges bases l'enseignement agricole, il faudrait encore réformer l'enseignement vétérinaire. Cet enseignement, si intimement lié et si utile au premier, ne répond pas aux besoins de notre temps. Nous le trouvons trop spécial, trop incomplet au point de vue des connaissances agricoles. La chaire d'agriculture n'occupe pas, dans les écoles vétérinaires, une place en rapport avec son importance. C'est pourquoi il serait bon d'obliger les jeunes vétérinaires, ayant terminé leurs études spéciales, à passer une année au moins dans une école d'agriculture pour y recevoir l'instruction agricole pratique qui leur manque. Ce séjour leur profiterait évidemment beaucoup. Ces jeunes gens assisteraient aux cours spéciaux qui leur seraient faits et emploieraient utilement le reste de leur temps à la préparation d'une thèse, puisque cette excellente innovation vient d'être introduite dans l'enseignement des écoles vétérinaires par leur savant inspecteur général, M. Bouley. A l'heure qu'il est, l'encombrement des matières distribuées dans chaque année d'études est tel que les élèves doivent manquer du temps nécessaire pour préparer et subir sérieusement cette épreuve, qui est le couronnement de toutes les autres.

Ce ne serait pas là le seul avantage qui sortirait d'une pareille mesure. A notre sens, une année passée sur les mêmes bancs fortifierait les bonnes relations qui doivent existir entre les agriculteurs et les vétérinaires. On se connaîtrait mieux, on s'estimerait peut-être davantage. Cette pratique serait un excellent moyen pour tuer l'empirisme, ce fléau de nos campagnes. Ce rapprochement augmenterait la confiance générale des agriculteurs et donnerait aux vétérinaires la meilleure des lois protectrices. Si la protection qu'attendent nos confrères est quelque part, ce ne peut être que là. Car si on peut faire valoir en faveur d'une loi réglementatrice des raisons excellentes, il faut reconnaître que celles qu'on peut invoquer pour la combattre ne le sont pas moins. Sans parler de son efficacité problématique, tout conspire aujourd'hui pour faire repousser une pareille loi, tout, tendances gouvernementales, idées économiques. En effet, chaque jour, on abat les priviléges : hier, on proclamait la liberté de la boucherie, aujourd'hui, on donne celle de la boulangerie, demain, on accordera celle de l'imprimerie. Il faut donc convenir que l'instant est on ne peut plus mal choisi pour venir demander aux législateurs de créer des priviléges nouveaux, si justifiés qu'ils paraissent. Nous venons de reconnaître qu'il n'y a pas opportunité pour réglementer la médecine vétérinaire, mais y a-t-il besoin réel? Pas davantage. Il ne faut jamais demander à la contrainte ce que l'on peut obtenir autrement. A nos yeux, répandre et propager partout l'instruction agricole, améliorer et compléter tout ce qui s'y rattache, nous paraissent les meilleurs moyens de protéger tout à la fois les intérêts particuliers et les intérêts généraux du pays.

Enfin, nous ajouterons encore que, si l'on veut relever l'agriculture française de son état d'infériorité, et lui permettre de lutter avantageusement dans l'avenir contre sa rivale d'outre-Manche, il importe encore de réagir contre cette fâcheuse tendance qui en France porte beaucoup de jeunes gens à déserter la carrière agricole pour embrasser d'autres professions. Mais comment y arriver? En élevant la profession d'agriculteur au niveau des plus honorées, en distribuant plus largement parmi nos cultivateurs intelligents ces distinctions honorifiques qu'on ne refuse jamais aux magistrats et aux administrateurs. Distribuer des médailles et des prix, c'est fort bien ; mais quelques croix d'honneur justement distribuées feraient encore mieux. L'agriculteur intelligent qui, en faisant sa fortune, favorise le progrès, le propage, sert son pays aussi utilement au moins qu'un magistrat qui rend des arrêts. Déjà on est entré dans cette voie, mais trop timidement selon nous.

Pour en revenir à l'agriculture, appelée bientôt à soutenir une concurrence universelle, elle demande, pour sortir de la lutte avec éclat, des sacrifices proportionnés à la tâche immense qu'elle doit avoir à remplir. Les améliorations urgentes qu'elle réclame sont très variées. L'importance de l'agriculture, si considérable qu'elle ait été jusqu'ici, doit grandir encore. L'avenir lui appartient; ainsi le veut la nature des choses. L'agriculture sera désormais, plus exclusivement qu'à n'importe quelle époque de l'histoire, la base essentielle de la grandeur des nations. Cela est démontré surabondamment par les transformations de toutes sortes qui s'opèrent dans le monde économique. Les points sur lesquels doivent porter les modifications à introduire dans la situation agricole de la France consistent principalement, ainsi que nous l'avons dit, dans l'amélioration du sol, le perfectionnement des procédés d'exploitation, le développement de l'instruction professionnelle, et, enfin, dans une large organisation du crédit.

Ainsi, et pour nous résumer, on viendra en aide à l'agriculture nationale en poursuivant énergiquement, selon l'expression du souverain, l'achèvement de toutes nos voies de communication.

On viendra aussi en aide à l'agriculture en améliorant, en multipliant les débouchés pour l'écoulement de ses produits ; en lui en créant de nouveaux toutes les fois que cela sera possible.

On viendra fort utilement en aide à l'agriculture en allégeant les lourdes charges qui pèsent aujourd'hui sur elle, en abolissant les taxes établies sur la consommation, en facilitant la transmission de la propriété terrienne, et en diminuant dans une large mesure les frais de transport par le rachat des canaux, la diminution des tarifs actuellement exigés par les grandes compagnies des chemins de fer.

On favorisera encore l'agriculture en abolissant tout droit, toute taxe sur les matières premières qu'elle utilise ; en opérant le plus tôt possible une répartition nouvelle, mieux appropriée, plus équitable de l'impôt foncier, répartition devenant chaque jour plus indispensable en présence du développement de la richesse publique dans certaines contrées, depuis l'exécution des voies ferrées.

Mais, ce qu'il faut surtout à l'agriculture française, c'est un enseignement agricole complet largement distribué, approprié aux diverses régions de la France ; c'est l'extension de la grande culture et du crédit, parce que c'est en eux que se trouvent les meilleurs remèdes aux maux dont elle souffre. La grande culture assure tout à la fois la diminution de la dépense, l'économie et la perfection du travail ; elle seule peut combattre efficacement les effets fâcheux de l'extrême morcellement du sol. Mais par quels moyens peut-on parvenir à ces immenses résultats? C'est ce qui fera le sujet de nos prochaines communications.

Je vous prie d'agréer, Monsieur le Rédacteur, etc.

Camp de Châlons, juillet 1866.

HUITIÈME LETTRE.

DE L'ORGANISATION DU CRÉDIT AGRICOLE.

> Toutes les qualités utiles de la
> monnaie peuvent se retrouver
> dans un signe représentatif qui
> n'a pas de valeur par lui-même.
>
> J. B. SAY. *Richesse des Nations.*

Monsieur le Rédacteur,

L'argent est le nerf de l'agriculture, l'instrument essentiel de toutes les améliorations agricoles.

Depuis longtemps les Anglais ont compris et appliqué avec profit à leur agriculture cette grande vérité économique : la puissance des capitaux sur toutes les entreprises.

C'est pour se ménager cette condition de succès, la suffisance du capital, que les petits propriétaires anglais, connus généralement sous le nom de yomen, ont vendu leurs terres et ont échangé leur qualité de propriétaires contre celle de fermiers. Grâce à ce moyen, ils ont élevé successivement leur capital d'exploitation jusqu'à 800, 1,000, 1,200 fr. et même plus par hectare, et réalisé, par cette ingénieuse combinaison, de plus grands bénéfices et une plus grande aisance que dans leur position première de propriétaires. Une fois la lumière faite sur une question, les Anglais sont capables des plus grands sacrifices pour en faire l'application pratique.

L'influence du capital sur la prospérité agricole est aujourd'hui si généralement reconnue partout, que, dans tous les pays, des institutions spéciales de crédit ont été créées dans le but principal, mais non unique, de fournir aux agriculteurs l'argent indispensable au succès de leurs opérations agricoles. Ces établissements ont-ils répondu à l'attente qu'on fondait sur eux, du moins en France? Répondent-ils complétement aux besoins de notre époque? Questions importantes que nous nous proposons d'examiner très sommairement.

Exposer l'histoire du Crédit agricole, faire l'étude des transformations successives qu'il a subies, n'est pas chose inutile. Cette revue rétrospective nous permettra d'indiquer quelles sont les modifications les plus propres à l'approprier aux nécessités de notre temps.

Il est bon, de temps à autre, de jeter un regard en arrière sur les distances parcourues. On se rend ainsi d'autant mieux compte du chemin qui reste à faire et du but qu'il s'agit d'atteindre.

Nous examinerons donc successivement le Crédit agricole sous ces trois formes principales :

Le prêt hypothécaire simple ;

Le Crédit foncier ;

Et la Banque territoriale.

A l'origine, — et cette époque n'est pas encore bien éloignée de nous, — l'agriculteur ne trouvait que dans le prêt hypothécaire ordinaire les capitaux dont il avait besoin.

Voyons comment se pratiquait et comment se pratique encore aujourd'hui cette sorte de prêt, afin d'apprécier les avantages et les inconvénients dont il est entouré.

D'abord, qu'est-ce que le prêt hypothécaire simple?

Le prêt hypothécaire simple est celui qu'une personne disposant d'un certain capital fait à une autre qui a des immeubles à lui offrir en garantie. L'hypothèque suivie d'inscription assure au prêteur le remboursement de la créance, en ce sens que, si l'emprunteur ne fait pas honneur à ses engagements, la loi donne au prêteur le droit de recourir à l'expropriation forcée. On voit immédiatement la grande distance qui sépare cette sorte de crédit du crédit commercial et industriel. Tandis que ce dernier ne repose, le plus souvent du moins, sur aucun gage matériel et n'est accordé qu'à la *personne* du débiteur, le premier suppose une *garantie*, et la plus forte de toutes : les immeubles. Le crédit fait aux propriétaires fonciers est donc celui qui présente aux capitalistes prêteurs une sécurité hors ligne, sécurité qu'on chercherait en vain dans le crédit industriel et commercial. Tel est le prêt hypothécaire dans son essence.

Un fait intéressant à constater, c'est que les institutions qui se rattachent au crédit commercial et industriel, quoique assises sur des bases moins solides, ont pourtant, dans leur développement, fait des progrès beaucoup plus rapides et plus marqués que les institutions ayant pour objet le crédit foncier.

Tandis que les premières ont arraché au génie de l'homme des formes aussi multipliées qu'ingénieuses pour venir en aide à l'industrie et au commerce — formes qui ont trouvé une haute expression dans les banques publiques et privées — les institutions se rattachant au crédit foncier sont restées relativement dans l'enfance. Il semble qu'elles ont participé des allures de la propriété, tant elles ont eu une marche lourde et pesante.

Quelle a été, en effet, la marche historique du crédit appliqué aux propriétés foncières ?

Pour peu que l'on examine les choses de près, on

peut aisément se convaincre qu'il y a aujourd'hui deux formes de crédit en présence l'une de l'autre, se disputant ardemment le terrain, sans que — aveu pénible à faire — le système le plus logique et le plus rationnel l'ait emporté.

Ces deux systèmes consistent : le premier, dans le prêt hypothécaire ordinaire avec *remboursement global du capital, à une époque déterminée par convention,* tel enfin qu'il se pratique depuis des siècles ; et le second, dans le prêt hypothécaire avec *remboursement par annuités et émission d'obligations foncières ou lettres de gage.*

Il est incontestable que cette deuxième forme du crédit est de beaucoup supérieure à la première, et qu'elle fait la base des grandes institutions de crédit que la France possède, le *Crédit foncier* et le *Crédit agricole.*

Les avantages que ces établissements présentent, comparés au prêt hypothécaire primitif, sont des plus grands pour le prêteur comme pour l'emprunteur, et influent directement sur le développement du crédit public.

Pour prouver les avantages du second système sur le premier, examinons comparativement comment les choses se passent avec chacun d'eux.

Supposons qu'un propriétaire veut recourir au crédit et se procurer des capitaux, moyennant hypothèque, avec promesse de payer l'intérêt annuel du capital et de rembourser ce capital à l'expiration d'un certain délai, comment les choses vont-elles se passer dans cette hypothèse ?

D'abord, l'emprunteur doit chercher pendant quelque temps un capitaliste qui connaisse non-seulement sa solvabilité, mais encore sa moralité, et qui ait confiance dans la loyauté avec laquelle il remplira ses engagements. Ce dernier trouvera d'autant plus difficilement un prêteur qu'il aime généralement le mystère dans les conditions actuelles de l'emprunt hypothécaire. Aussi a-t-il ordinairement recours à un intermédiaire, qui se fait payer ses services d'autant plus cher que les besoins de l'emprunteur sont plus grands.

Ecartons toutefois cet inconvénient et mettons directement en présence l'un de l'autre le propriétaire et le capitaliste, ou, si vous aimez mieux, l'emprunteur et le prêteur.

Le prêteur va prendre inscription hypothécaire sur les biens du débiteur. Celui-ci, au moment même où il a le plus besoin de ses fonds, commencera par payer des honoraires à un notaire, des droits d'enregistrement et d'inscription auxquels il faudra plus tard ajouter les frais de quittance et de radiation. Ces dépenses produisent de suite un supplément d'intérêt annuel considérable.

De sorte que, en considérant les choses sous l'aspect le plus favorable, et sans tenir compte des clauses secrètes qui peuvent à un moment plus ou moins éloigné aggraver sa position, le débiteur payera en réalité un intérêt annuel fort élevé de l'argent qu'il prélève sur hypothèque.

Enfin, comme la terre ne peut reconstituer le capital emprunté qu'avec des épargnes réalisées successivement à l'aide d'un surcroît de production, et que les prêteurs capitalistes ne reçoivent et ne peuvent accepter de petits à-compte, il se présente un autre inconvénient :
— Que deviennent les épargnes partielles entre les mains de l'emprunteur, si elles doivent s'accumuler jusqu'à ce que le capital entier soit reproduit ? Comme

elles ne peuvent pas être fructueusement utilisées, elles restent le plus souvent improductives et stériles, quand toutefois les détenteurs ont assez de force morale pour ne pas les détourner de leur destination. Il est peut-être plus facile de gagner de l'argent que de ne pas toucher à une petite économie. Il y a ainsi, dans tous les pays, des quantités énormes de petites épargnes improductives, et c'est là certainement une grande perte pour la fortune des nations.

Cette position n'est donc guère avantageuse à l'emprunteur. Mais l'est-elle davantage au prêteur, au capitaliste? Je ne le pense pas.

Le capitaliste ne reçoit en moyenne que 4 1/2 °/₀ de son argent.

En effet, le prêteur attend quelquefois assez longtemps le placement de son argent, ce qui diminue son revenu dans une certaine proportion. De plus, il doit toujours user d'une grande prudence dans l'estimation de l'immeuble, dans l'examen des titres de propriété, dans la vérification de l'hypothèque, sa constitution et son inscription. Si, ce qui arrive le plus souvent, il est incapable de se livrer à un pareil travail, il doit recourir à des hommes compétents, à des hommes de loi. De là encore une source de dépenses.

Ensuite, et ce qui est plus grave, les prêts hypothécaires ordinaires n'assurent qu'imparfaitement au capitaliste l'exactitude et la régularité dans l'accomplissement des obligations contractées par l'emprunteur.

Car ce dernier paye rarement les intérêts le jour même de l'échéance, de sorte que le capitaliste n'ose jamais y compter d'une manière certaine ni prendre des engagements à jour fixe.

Enfin, si le propriétaire ne peut pas payer les intérêts ni rembourser le capital, il se présente bien d'autres inconvénients pour le prêteur. Il est obligé alors de recourir à l'expropriation forcée. C'est là toujours une extrémité grave ; et le public, injuste quelquefois dans ses accès de pitié, attribue un rôle odieux au père de famille qui en définitive n'a fait que sauvegarder ses droits. Dans les campagnes, il n'est pas rare de voir le public prendre fait et cause pour celui qu'on exproprie.

D'un autre côté, la procédure d'expropriation est longue et coûteuse ; on ne saurait jamais en préciser le terme. Lorsque le créancier est arrivé à la réalisation du prix de l'immeuble, une grande partie du prix de vente est aussitôt absorbée par des frais de toute nature. Cela est surtout vrai, si l'immeuble exproprié est d'une faible valeur.

Que devient, dans ces circonstances, le gage du capitaliste ? On le voit, cette sécurité que l'opinion publique voit avec raison dans la propriété terrienne se trouve fort amoindrie avec les placements hypothécaires tels qu'ils se pratiquent d'ordinaire. Qu'on y ajoute maintenant les déboires, les courses, les pertes de temps et d'argent ! C'est ainsi que le créancier voit souvent s'échapper de ses mains un gage qui devait à bon droit lui garantir la restitution de son capital.

Mais prenons les choses au mieux. Le propriétaire ou l'emprunteur paye régulièrement les intérêts, et il rembourse le capital à l'époque stipulée au contrat. Il n'en reste pas moins un grand inconvénient pour le capitaliste prêteur. Car, si ce dernier vient à avoir besoin de ses capitaux avant l'échéance du terme, il trouvera difficilement quelqu'un pour lui acheter sa créance. L'acheteur devra agir avec plus de circonspection encore que le prêteur, car aux difficultés inhérentes à la position de ce dernier il faut ajouter celles qui proviennent toujours d'un nouveau contrat.

Du reste, cette cession ne se fait pas sans frais; elle exige même un acte qui doit être notifié à l'emprunteur ou dans lequel l'emprunteur doit intervenir.

Les créances hypothécaires sont ainsi frappées d'une sorte *d'indisponibilité*.

Les prêteurs se voient séparés pour un temps fort long de leur argent sans avoir aucun moyen régulier de le rappeler à eux en cas de besoin, et cette circonstance assez grave doit détourner de l'agriculture une foule de capitaux qui lui seraient peut-être confiés, s'ils y rencontraient des conditions meilleures.

– Telle est la situation de la propriété foncière sous l'empire du premier système, c'est-à-dire avec l'emprunt hypothécaire ordinaire. Et cependant cette forme de prêt se pratiquait exclusivement autrefois, et elle se pratique encore aujourd'hui à côté des institutions du Crédit foncier et du Crédit agricole. Cette position financière est loin d'être brillante. Elle suffit à prouver combien l'éducation des populations rurales est encore imparfaite sous ce rapport.

Examinons maintenant en quoi consiste le *Crédit foncier proprement dit*. Quelles sont les bases de ce nouveau système et quels sont les avantages que cette institution offre sur le crédit hypothécaire ordinaire.

Quoique le *Crédit foncier* n'existe en France que depuis 1852 seulement, il y a plus d'un siècle qu'il fonctionne en Allemagne. Sa création a eu pour but de prêter à la propriété foncière les fonds qui lui sont nécessaires pour liquider ses dettes ou améliorer les exploitations agricoles, en lui offrant la facilité de se libérer entièrement au moyen *d'annuités à long terme.*

Quel est le mécanisme du Crédit foncier?

Un propriétaire a-t-il besoin d'un certain capital, il s'adresse à la société avec offre de donner hypothèque.

Cette société se livre d'abord à la vérification la plus minutieuse des titres de propriété et de la valeur du bien.

Quand elle est convenablement renseignée à cet égard, elle répond à peu près de la manière suivante au propriétaire :

Je prends votre bien en première hypothèque, pour la moitié de la valeur, les propriétés non bâties, et pour le tiers seulement de la valeur, les bois et les propriétés bâties.

Vous payerez pendant dix, vingt ou quarante ans, une certaine somme annuelle, — annuité, — comprenant l'intérêt et l'amortissement du capital que vous venez d'emprunter, et, à l'échéance de l'époque stipulée, vous serez complétement libéré; vous ne devrez plus ni intérêts, ni capital. Votre position ne ressemblera donc en rien à celle que vous fait le crédit hypothécaire ordinaire, qui vous oblige également à un payement annuel, mais dans lequel vous devez toujours rembourser en un seul payement l'intégralité du capital, quand même vous auriez servi l'intérêt pendant un siècle.

En faisant ces sortes de prêts, la société reçoit ainsi des créances hypothécaires signées par les propriétaires emprunteurs. Elle place ces créances dans sa caisse. Il est évident que son capital social serait vite épuisé, si elle bornait là ses opérations.

Mais elle s'adresse, d'un autre côté, aux capitalistes, et leur dit :

Je possède des créances hypothécaires que je vais représenter par une contre-valeur, par des obligations foncières ou lettres de gage, portant un intérêt fixe moindre que celui que je reçois de mes débiteurs. Ces lettres de gage ne sont donc que mes créances hypothécaires sous une autre forme.

Outre ma caution personnelle du capital social, elles ont encore les immeubles de mes débiteurs pour garantie. Ce sont donc des titres hypothécaires plus solides que les créances hypothécaires ordinaires.

Achetez ces obligations foncières ou lettres de gage qui renouvelleront mon capital et me permettront de faire de nouvelles opérations, et, en les achetant, vous serez en réalité les prêteurs de mes emprunteurs. Vous voulez une hypothèque ? Soit, vous l'aurez, mais vous l'aurez plus large, plus complète que vous ne l'aviez auparavant ; — vous l'aurez sans que vous soyez forcés d'étudier avec soin la situation des emprunteurs et d'examiner la qualité naturelle et légale des immeubles, comme vous étiez astreints à le faire avec le prêt hypothécaire simple , heureux encore quand l'examen le plus attentif, le plus minutieux vous donnait une sécurité véritable ; — vous l'aurez avec l'incontestable avantage de pouvoir compter à jour fixe sur vos revenus, puisque je vous payerai vos intérêts sans vous exposer aux soucis, aux tracasseries ou même à l'animosité d'un débiteur malheureux ou malhonnête. De plus, votre capital est garanti et la Société vous le restituera sans que vous ayez le moins du monde à vous en occuper, et, lorsque vous aurez besoin d'argent, vous vendrez à votre tour vos lettres de gage, qui sont au porteur, *négociables sans frais*, ce que vous ne pouviez pas faire avec vos créances hypothécaires ordinaires.

Maintenant, je le demande à toute personne raisonnable, la position nouvelle faite aux capitalistes par la Société n'est-elle pas infiniment meilleure que celle qui résulte du prêt hypothécaire ordinaire? Saisit-on le vrai caractère du *Crédit foncier?*

Il estime la valeur des propriétés engagées et détermine en conséquence l'étendue du crédit qu'il peut accorder aux propriétaires emprunteurs. Il emprunte d'une main l'argent des capitalistes, à qui il donne en retour des obligations foncières pour le prêter, de l'autre main, aux propriétaires fonciers de qui il reçoit des créances hypothécaires. Il n'est donc qu'un intermédiaire entre l'emprunteur, dont il dissimule les besoins, et les capitalistes prêteurs, qu'il dispense de vérifier la solidité des garanties hypothécaires et à qui il assure le payement *régulier* des intérêts. En un mot, il est *créancier vis-à-vis des emprunteurs, et débiteur vis-à-vis des porteurs des lettres de gage.*

De ce chef, il est chargé de la perception des annuités, du payement des intérêts, de l'amortissement des obligations foncières, qui ne sont elles-mêmes que la représentation des créances hypothécaires.

Examinons maintenant l'influence générale de l'institution, c'est-à-dire le sort qu'elle fait aux propriétaires fonciers et aux capitalistes.

Dans le système du prêt hypothécaire ordinaire, l'emprunteur paye, outre les frais, des intérêts élevés, et il doit toujours rendre le capital, soit en totalité, soit par grosses fractions. Qu'arrive-t-il? C'est que ce dernier voit presque toujours arriver avec anxiété l'époque du remboursement.

Où peut-il prendre, en effet, l'argent nécessaire en dehors du cas tout à fait exceptionnel d'une rentrée de fonds extraordinaire? Souvent il s'estimera heureux, s'il peut seulement reculer d'une année ou deux le remboursement qui l'effraye, tout en conservant bien entendu la charge de servir un intérêt onéreux. Avec le système du Crédit foncier, l'emprunteur paye l'annuité pendant dix, vingt ou quarante années, ou même davantage, et il est libéré. Le propriétaire obéré qui serait obligé de vendre, avec la seule ressource du prêt hypothécaire ordinaire, soit la totalité, soit une partie seulement de son immeuble pour faire face à ses engagements, se trouve avec le Crédit foncier précisément délivré de cette nécessité. Il liquide ses dettes avec ses revenus, et, qui plus est, il se trouve dispensé du payement intégral de son emprunt à un moment donné, puisqu'il amortit peu à peu au moyen d'une redevance temporaire. Ce mode d'amortissement est, à coup sûr, le moyen de remboursement le plus conforme à la nature de la propriété foncière, qui donne chaque année des produits, mais peu à la fois. Le mécanisme du Crédit foncier a encore l'avantage de rappeler constamment au propriétaire qu'il doit, sans lui permettre de trop compter sur les chances de l'avenir, sur les hasards de la fortune, si rares en général. On peut dire que cette institution remplit, à l'égard du propriétaire foncier, l'office d'une véritable *caisse d'épargne forcée.*

Ajoutons encore, pour compléter notre tableau, que le propriétaire ne trouve pas toujours le prêteur dont il a besoin. Dans les circonstances actuelles et avec le prêt hypothécaire simple, le capitaliste et l'emprunteur peuvent se chercher longtemps avant de se rencontrer.

Grâce à la Société du Crédit foncier le titre privé, personnel, isolé, est remplacé par un titre généralisé, auquel s'attachent d'année en année des garanties de plus en plus solides. Car la dette de chaque débiteur s'éteint, en effet, tous les ans par fractions, tandis que l'hypothèque reste généralement toujours la même. Une autre considération, qui a bien aussi son importance, c'est que le propriétaire emprunteur échappe ainsi à la sujétion des relations locales, et qu'au lieu de céder aux exigences excessives d'un capitaliste capricieux ou d'un intermédiaire dont les intérêts sont opposés aux siens, il est mis en rapport avec la masse disponible des capitaux du pays tout entier. Il trouve ainsi immédiatement à emprunter sur l'immeuble qu'il donne en hypothèque, sans que son créancier apprenne même le nom de son débiteur.

Voilà pour le propriétaire foncier.

Quant au capitaliste créancier hypothécaire, ses capitaux lui procurent le même intérêt que dans l'ancien système. Mais quelle différence de position !

Débarrassé de tout souci quant au titre de propriété et à la valeur de l'hypothèque offerte, il se repose de ce soin sur les investigations de puissantes compagnies qui lui donnent une entière sécurité à cet égard.

A l'échéance du semestre, le créancier est dispensé de courir après son débiteur ; la caisse sociale lui paye le montant de ses intérêts, à jour fixe, et sans se soucier de la personnalité des propriétaires, puisqu'il est en relation directe avec une grande institution qui lui offre sa garantie personnelle en dehors de l'hypothèque.

Ajoutons une dernière considération. Avec le système du prêt hypothécaire ordinaire, la restitution du capital peut se faire difficilement. Si le propriétaire emprunteur est un homme récalcitrant, s'il refuse d'exécuter ses engagements, le créancier se trouve dans la triste nécessité de recourir à l'expropriation forcée, qui compromet quelquefois sa réputation et une partie de sa créance. Par l'intermédiaire du Crédit foncier, le capitaliste n'a rien à craindre de tous ces risques et se trouve complétement rassuré sur le remboursement de son capital. Si un besoin imprévu le force à se procurer des fonds, il opère la vente de ses obligations foncières avec une facilité beaucoup plus grande que la cession de ses créances hypothécaires ordinaires ; son capital est ainsi toujours disponible.

Je dois ajouter que l'agriculture ne profite pas seule des bienfaits de l'institution du Crédit foncier. Il serait même beaucoup plus exact de dire qu'elle n'en profite que dans une très faible mesure. Cependant cet établissement a été créé dans le but principal de lui venir en aide.

Le commerce, l'industrie et aussi la spéculation ont trouvé un utile secours dans le Crédit foncier. La ressource offerte par cette grande institution leur a été surtout précieuse quand la Banque s'est trouvée dans la nécessité, soit d'élever le taux de son escompte, soit même de resserrer son crédit. Les négociants et les industriels ont ainsi pu trouver au Crédit foncier, sur la garantie de leurs propriétés immobilières, l'argent qui leur était nécessaire dans des moments difficiles.

Maintenant pourquoi l'agriculture ne profite-t-elle pas mieux des facilités que lui offre le Crédit foncier ? Pourquoi, surtout, puisque son mécanisme est si simple ; puisque les garanties offertes aux prêteurs comme aux emprunteurs sont si sérieuses et si complètes? Parce que, malgré la sécurité qu'il donne aux deux intérêts en présence, le Crédit foncier manque encore d'une qualité capitale, peut-être la plus importante de toutes pour l'agriculture, le bon marché. Oui, même dans les conditions actuelles où cette féconde et utile institution fonctionne, elle est encore, à cause de sa cherté, peu accessible aux agriculteurs. Cette situation tient à la nature même des choses. En effet, le crédit doit être cher chez une Société qui emprunte elle-même pour prêter ; qui a de nombreux agents à payer. Le chiffre total de ses opérations doit être très élevé et exiger une somme énorme de numéraire.

A présent, si on envisage d'une manière comparative le crédit agricole et le crédit commercial ou industriel, on est amené à quelques réflexions nouvelles.

Ce qui paraît évident, c'est que le prix de l'argent doit être en raison directe des risques qu'il court. Sa cherté doit être en raison inverse des garanties qu'il rencontre. Partant de ce principe, il me semble que l'agriculture peut prétendre, mieux que l'industrie et le commerce, au bon marché du numéraire, puisqu'elle possède la meilleure des garanties, la terre. En y réfléchissant, il est vraiment extraordinaire que l'agriculture ne soit pas encore aujourd'hui dotée de cet avantage qui serait un si puissant levier pour elle: le crédit à bon marché.

D'où vient que ce désir, qui est le fond de notre pensée à tous, ne soit pas encore une brillante réalité? Les inventeurs, les travailleurs ont-ils fait défaut? Nullement. Cela provient de la grande, de l'immense difficulté qu'éprouve toujours toute idée, si juste qu'elle soit, à passer du domaine de la théorie où elle est d'abord dans celui si fécond de la pratique. Il en a toujours été ainsi. De tout temps les meilleures inventions ont été obligées à un stage plus ou moins long, à une sorte de lutte pour se distinguer des utopies. Les préjugés obscurcissent toujours la lumière du Progrès. Grâce à eux, la distinction n'est pas toujours facile à faire entre la vérité et l'erreur. Cependant la vérité finit toujours par dominer. On peut retarder son heure de triomphe, mais l'anéantir, jamais. C'est ce qui explique pourquoi il est arrivé bien souvent que l'utopie du jour est devenue la brillante réalité du lendemain. Nos plus belles inventions, celles qui prouvent le mieux le génie humain, n'ont-elles pas eu souvent le privilége d'être condamnées solennellement par les corps savants chargés de les juger et de les apprécier. Fulton, Daguerre, Sauvage! que de souvenirs pénibles ces grands noms ne rappellent-ils pas? Brunel, ce grand ingénieur, dont les Anglais ne prononcent le nom qu'avec vénération, quelle autorité avait-il dans notre pays? Heureusement que la force des choses permet à toute idée vraie et utile d'avoir son heure de justice.

En conséquence, espérons que le beau système financier de M. David de Cholet aura aussi la sienne. Quant à nous, nous le croyons appelé à opérer une vraie révolution financière, révolution pacifique, mais féconde, qui réagira nécessairement sur tout l'ensemble de notre système économique.

BANQUE TERRITORIALE.

Cela dit, en quoi consiste le projet financier de M. David de Cholet? Quelles sont ses bases? Quelles sont les garanties qu'il promet? Quels sont les avantages qui le recommandent, et enfin quelles sont les objections qu'on lui oppose ? Telles sont les importantes questions que nous allons essayer d'exposer.

Si le système de Banque territoriale imaginé par M. David de Cholet réussit à se faire admettre dans le monde financier, il est appelé, croyons-nous, dans un avenir prochain, à opérer une radicale transformation de la fortune publique. Cela seul suffit pour faire comprendre combien doit être vive la lutte qu'il lui faut soutenir contre l'esprit de routine et les préjugés. Ce projet de banque a aussi contre lui d'immenses intérêts.

Nous l'avons vu, le fond du Crédit foncier consiste dans un *échange* de valeurs. Le Crédit foncier est un véritable établissement de banque, puisqu'il emprunte aux uns pour prêter áux autres. La nature même de ses opérations l'oblige ; il ne peut prêter qu'à un taux supérieur à celui de ses emprunts puisqu'il a des frais considérables d'administration à solder. En conséquence, il est dominé par tous les événements financiers, par toutes les crises du marché monétaire. Ainsi le veulent l'origine et le but de son institution.

Mais la Banque territoriale *crée le signe représentatif* de la propriété terrienne, *mobilise* le sol, ce qui est essentiellement différent. De cette différence découlent plusieurs avantages : une simplification réelle dans les rouages de la société ; un abaissement considérable du taux de l'intérêt ; et l'impossibilité absolue pour les éventualités quelconques de déprécier les valeurs reposant sur une pareille base.

On le voit, la Banque territoriale n'est après tout qu'une application très ingénieuse et très simple du mécanisme déjà employé par le Crédit foncier, car ce dernier, en échange du numéraire, délivre des lettres de gage, et ces lettres de gage représentent les prêts hypothécaires qu'il a effectués. Avec la nouvelle banque, c'est la lettre de gage elle-même qui sert de *numéraire*. Cette terre, quand elle est nette de tout engagement, est donc *élevée d'emblée à la hauteur du numéraire lui-même*. La Banque territoriale est née du Crédit foncier; elle en est la simplification plutôt que la complication.

Voyons maintenant quel serait le mode de fonctionnement de cette nouvelle institution? Le projet de Banque territoriale, préconisé par M. David de Cholet, ne serait point autre chose qu'une société anonyme de crédit constituée avec l'autorisation et sous la surveillance du gouvernement, dans le but exclusif de venir en aide aux besoins spéciaux de l'agriculture.

Le nombre de ses membres ne serait point limité; il pourrait comprendre tous les propriétaires fonciers de l'empire qui voudraient en faire partie, pourvu toutefois que l'état de leurs immeubles le leur permît.

L'apport de chaque sociétaire sera donc éminemment variable, puisqu'il pourra consister en une ou plusieurs propriétés grandes ou petites, mais libres de toute dette, privilége ou hypothèque quelconque.

L'affectation de ces biens se ferait par un acte authentique consenti avec les formes actuellement en usage, acte complété et suivi d'une inscription régulière au bureau des hypothèques de l'arrondissement où ces biens sont situés, afin de garantir le payement des billets créés par la Banque territoriale au profit et en vue de l'emprunteur.

Pour entourer ces titres en papier de la plus grande sécurité, il serait sage de décider que leur émission a pour limites les deux tiers ou la moitié seulement de la valeur des immeubles engagés.

Il est clair que les billets émis par la Banque territoriale ne seraient point productifs d'intérêts. On les stipulerait payables au porteur, absolument comme les billets de la Banque de France.

Ils n'auraient jamais cours forcé ; ce serait uniquement à la faveur publique qu'ils demanderaient leur naturalisation.

En ce qui touche la forme, ces billets seraient signés par trois membres de la Banque territoriale, assistés d'un conseil ad hoc nommé par le Gouvernement.

Ces billets seraient tout simplement prêtés par la Société en échange de l'hypothèque consentie par le propriétaire emprunteur. Le nombre des années accordées pour le remboursement serait très variable. Cependant des limites seraient assignées afin de prévenir les abus.

La redevance annuelle serait de 3 % par exemple. Cette somme, exigible au commencement de chaque année, servirait à acquitter les divers frais d'actes et d'administration. Comme elle serait plus que suffisante, l'Etat pourrait, en compensation de son intervention et du prestige que son concours donnerait à la Société, prélever une prime annuelle de 50 cent. % par exemple, destinée à entrer dans les coffres du trésor. Une autre somme de pareille importance pourrait encore être destinée à former un fonds de réserve appelé à faire face aux éventualités imprévues, aux pertes que pourrait supporter la Société dans le cas de falsification de ses billets, circonstance très possible et dont n'est point exempte la Banque de France. Il resterait encore 2 % pour subvenir aux frais d'enregistrement, d'hypothèques, d'administration, d'actes divers que nécessite toujours un emprunt hypothécaire. Cette somme serait plus que suffisante.

Au moyen d'une institution comme la Banque territoriale, le propriétaire serait tout à la fois sociétaire, prêteur et emprunteur. Il ne ferait au fond que se faire *autoriser à monnayer son immeuble afin de le mobiliser.*

Tel est à peu près dans toute sa simplicité le système de M. David de Cholet.

Voyons maintenant si les garanties offertes par la Banque territoriale sont aussi sérieuses que celles du *Crédit foncier.*

De ce que nous avons dit, il résulte que les billets de la Banque territoriale auront pour garantie de payement d'abord des immeubles ayant une valeur d'un tiers plus forte, sinon double, de la somme représentée par les billets. Derrière cette première garantie, il y en aura une seconde offrant un degré de solvabilité incomparable, supérieure même à celle de l'Etat, puisqu'elle reposerait sur toute la collection des sociétaires prêteurs et emprunteurs à la fois. Avec ces diverses précautions, les billets de la Banque territoriale seraient donc beaucoup mieux garantis, plus solides que ceux de la Banque de France. En effet, tandis que les premiers seraient assurés par une valeur foncière souvent double de leur valeur nominale, les seconds n'ont jamais pour garantie qu'un numéraire toujours au-dessous de la somme pour laquelle ils sont émis.

Il n'est donc point irrationnel de prétendre que, entourés d'une telle sécurité, les billets de la Société territoriale seraient partout reçus et acceptés dans la circulation avec une faveur égale à celle dont jouissent les titres de la Banque de France. Moins que ces derniers, ils seraient susceptibles d'être dépréciés par les événements politiques ou financiers qui compromettent quelquefois le crédit des établissements les plus solides, sans en excepter la Banque de France elle-même.

Dans la combinaison qui nous occupe, l'intérêt de l'emprunteur est évident, puisqu'il trouve du numéraire ou au moins son équivalent à un taux très modéré. D'un autre côté, l'intérêt du prêteur, du sociétaire et de l'emprunteur se confondant, il est certain que le conseil d'administration choisi dans la Société elle-même mettra la plus grande vigilance à vérifier l'état des immeubles de ceux qui demanderont à entrer dans la Société, puisque, par le seul fait de leur admission, la solidarité de tous sera engagée dans une certaine mesure, à chaque emprunt contracté avec la Banque territoriale. Cette disposition est essentielle ; il importe de la comprendre, car elle commande la faveur du public envers les titres émis par la Société.

L'intérêt de l'Etat ne saurait non plus faire doute, puisque, en échange de sa surveillance, de sa protection morale, il se créerait une importante source de revenus, source susceptible même d'acquérir très vite un immense développement.

La Société aussi s'enrichirait, puisque, ainsi que nous l'avons dit, elle prélèverait une somme d'intérêts encore supérieure à celle de ses déboursés.

Avec le temps résulterait nécessairement de cet état de choses une augmentation dans la garantie offerte par les billets.

Mais ces avantages, si considérables qu'ils soient, ne sont pas les seuls. Il vient encore s'en ajouter d'autres, tels que facilité de libération, longue ou courte échéance au gré des emprunteurs.

L'emprunteur qui, voudrait se libérer envers la Société, par anticipation, en totalité ou en partie, et faire radier l'hypothèque par lui consentie, le pourrait, en soldant sa créance en principal, intérêts et frais, soit en représentant des billets de la Société, soit en payant avec du numéraire.

La Banque territoriale envisage donc et respecte tous les intérêts. Chacun y trouve son compte, l'emprunteur comme l'Etat, le particulier et le public. Ce mécanisme financier n'est point inférieur assurément à celui du Crédit foncier, ni à celui de la Banque de France. Le Gouvernement se réserverait la mission de s'assurer, concurremment avec le conseil d'administration, que la somme des billets émis ne dépasse, dans aucun cas, la somme totale des emprunts. A l'échéance de son obligation, l'emprunteur pourrait renouveler ses engagements.

La Banque territoriale, mieux que le Crédit foncier et mieux surtout que le prêt hypothécaire ordinaire, permettrait à l'emprunteur d'éteindre sa dette par fractions, au fur et à mesure de ses rentrées de fonds ou de ses économies.

On favoriserait certainement les débuts d'un pareil établissement en mettant de suite à sa disposition un certain capital argent, qui lui permettrait de payer ses billets après un court délai de présentation, si tel était le désir des porteurs de ces billets.

A cette somme de première mise s'ajouteraient, plus tard, la prime de 50 cent. % prélevée sur le taux d'intérêt par la Société, ainsi que les valeurs qui seraient perdues ou anéanties par accident. Un moyen d'encouragement fort possible au gouvernement, ce serait de permettre aux débiteurs de l'Etat d'acquitter leurs dettes ou leurs impôts avec des billets de la Banque territoriale. Enfin, il est clair, après les développements que nous venons de donner, que la multiplicité des affaires ferait la prospérité de cette institution de crédit agricole, puisqu'une prime, le sixième du taux de l'intérêt, lui est assurée à chaque emprunt.

Maintenant est-il permis de douter que les valeurs d'une Société ainsi organisée ne jouissent bientôt de la faveur publique au même degré que celles de la Banque de France? Nous ne le croyons pas.

Nous avons essayé de faire comprendre quel est le mécanisme de la Banque territoriale imaginée par M. David de Cholet, combien est grande la sécurité qu'elle offre à tous les intérêts; il nous reste encore à indiquer très sommairement quels seraient les résultats utiles de son fonctionnement et quelle est la valeur des objections principales qu'on lui a faites.

Sans aucun doute, le premier résultat d'une semblable institution serait d'assurer la baisse générale de l'intérêt, qu'on trouve trop élevé, et, par voie de conséquence, de déterminer la hausse certaine des fonds publics et surtout de la propriété foncière. Elle faciliterait aussi la liquidation de la dette hypothécaire, dette qui pèse encore aujourd'hui très lourdement sur notre agriculture. Enfin, en dispensant largement le crédit, la Banque territoriale assurerait d'une manière prompte et certaine le progrès d'une manière universelle en permettant à l'agriculture de perfectionner son outillage, d'opérer toutes les transformations susceptibles de concourir à l'accroissement de sa production, transformations qui languissent surtout faute de capitaux. Ce n'est pas tout encore : l'Etat s'assurerait une source féconde de revenus qui, dans un avenir prochain, permettrait peut-être d'abaisser les impôts. Les campagnes seraient enfin délivrées du fléau de l'usure. Qui peut prévoir aujourd'hui ce que la Banque territoriale imprimerait d'activité aux affaires commerciales et industrielles en donnant le numéraire ou son équivalent à 3 %.

Qui peut dire, enfin, si la création de cet établissement ne préviendrait pas complétement ces crises périodiques qui réagissent toujours si fatalement sur l'ensemble de la richesse publique, crises dont l'étude est à l'ordre du jour, quant à ses causes et quant aux moyens d'en paralyser les effets. Enfin, la Banque territoriale augmenterait encore les revenus de l'Etat d'une manière indirecte par les transactions immobilières qu'elle déterminerait, transactions qui ne sont jamais sans profit pour lui par la perception des droits d'enregistrement.

Je le demande, tous ces résultats ne sont-ils pas manifestes, certains, évidents?

Nous sommes convaincu, quant à nous, que la Banque territoriale ainsi comprise est aussi supérieure au Crédit foncier qu'il l'est lui-même au prêt hypothécaire simple.

En effet, de part et d'autre, simplicité dans le mécanisme des opérations, sécurité, facilités très grandes de remboursement ; mais la Banque territoriale seule peut donner la modicité de l'intérêt et met complétement à l'abri des éventualités diverses qui influent sur l'abondance ou la rareté des capitaux.

Est-ce à dire pour cela que cette nouvelle institution de crédit soit appelée à donner la mort à toutes celles actuellement existantes, et notamment au *Crédit foncier?* Loin de là. La Banque territoriale peut très bien coexister avec ces diverses Sociétés. Elle ne vient point se substituer à tel ou tel établissement, mais elle vient occuper une place encore vide. Elle est destinée à encourager le mouvement général des affaires et à réagir de la sorte très favorablement sur tout l'ensemble du crédit en le complétant.

En résumé, le Crédit agricole a existé dans le passé, sous la forme du prêt hypothécaire simple. Il existe surtout, dans le présent, par l'institution du Crédit foncier. Mais, malgré ce progrès véritable, la véritable expression du crédit agricole dans l'avenir, la plus heureuse, c'est bien certainement la Banque territoriale.

Quelles sont les principales objections produites contre la Banque territoriale et quelle en est la valeur?

Première objection. — Le premier reproche adressé au système de M. David de Cholet, celui peut-être le plus propre à le discréditer devant l'opinion publique, à en détourner l'attention, c'est l'accusation qu'on lui a faite de n'être que la reproduction des actions de Law, des assignats de l'assemblée nationale.

Comment? deux choses, deux idées ne pourront avoir entre elles quelque analogie sans que, immédiatement, elles soient identifiées et confondues. Comme toute idée neuve, la conception originale qui nous occupe ici doit nécessairement lutter contre les idées anciennes, contre le fait routinier et les institutions rivales.

Je dis institutions rivales, quoique, à bien voir les choses, la rivalité soit au fond plus apparente que réelle. Si on veut bien se donner la peine de réfléchir, il est facile de saisir la différence profonde qui sépare ce système de tous ceux qui l'ont précédé. En effet, tandis que le papier de Law, les assignats de la république n'avaient qu'un contrôle insuffisant, qu'une valeur nominale, point d'affectation spéciale, les billets de la Banque territoriale au contraire ont simultanément toutes les garanties qui résultent du contrôle le plus élevé, de l'hypothèque la plus solide, la plus invariable, puisqu'elle reposera sur le sol lui-même.

Emettre une pareille objection nous paraît plus déraisonnable que de prétendre que les billets de la Banque de France ne sont, eux aussi, que des assignats. Une pareille prétention serait évidemment sans écho.

Or, nous avons démontré par des raisons appuyées sur des faits que la Banque territoriale présente un ensemble de garanties incomparablement supérieures à celles de l'encaisse métallique de la Banque de France. Il est donc superflu d'insister davantage.

Deuxième objection. — Comme conséquence de la première objection, on s'est aussi demandé si cette institution de crédit serait susceptible de résister à une crise, à une panique générale provenant d'événements politiques quelconques. Pourquoi ne résisterait-elle pas à l'influence de ces événements aussi bien que la Banque nationale? La terre serait-elle plus à la merci d'un enlèvement que le numéraire?

Troisième objection. — Mais, dit-on encore, c'est à la Banque de France qu'est exclusivement conféré le privilége d'émettre des billets au porteur. Ce n'est que cela? Est-ce que ce privilége a été concédé à la Banque pour autre chose que de favoriser le commerce par des prêts à courte échéance? C'est ce qu'il importe de ne pas oublier? En tout cas, un privilége ne saurait être placé au-dessus de l'intérêt public. Ce qui a toujours primé les intérêts particuliers, ce sont les intérêts généraux. Voilà le principe. Pourquoi l'agriculture ne rencontrerait-elle pas auprès du gouvernement la même sympathie que le commerce lui-même?

La Banque territoriale, devant prêter aux cultivateurs à longs termes, a au moins un droit égal à la protection de l'Etat et même à des sacrifices de sa part. Cela doit suffire. Les intérêts agricoles ne sont point secondaires; leur importance veut qu'ils soient servis au même titre que les intérêts industriels et commerciaux. Il ne faut point oublier que la France est un pays essentiellement agricole ; que l'agriculture est l'industrie mère, l'industrie par excellence ; enfin, qu'elle exerce une influence prépondérante sur tous les autres intérêts. Travaillons donc tous dans la mesure de nos forces et de nos moyens à détruire les préjugés et tout ce qui s'oppose à ce que la mère nourricière des nations soit dotée dans notre pays d'une société de crédit sans limites, universelle comme elle.

Une fois que la conviction sera faite dans les esprits, le temps et la force des choses feront le reste.

Quant à nous, nous croyons très praticable le système de Banque territoriale, et nous ne redoutons nullement tous ces obstacles plus imaginaires que réels. L'enquête est ouverte, nous le répétons, que les agriculteurs profitent de cette heureuse circonstance pour exprimer leurs vœux. En présence de la transformation universelle qui s'opère, qu'ils comprennent que les moyens du passé sont devenus impuissants ; qu'ils comprennent enfin que le système protecteur d'autrefois est fini à jamais. Les temps nouveaux ont créé de nouveaux besoins, et, pour les satisfaire, il faut aussi des combinaisons nouvelles : ainsi le veut la situation économique qui nous régit aujourd'hui.

Quatrième objection. — On s'est encore demandé si, avec

la Banque territoriale, on trouverait des propriétaires prêteurs. Pour faire une pareille objection, il faut n'avoir
rien compris au mécanisme de cette institution. Le
prêteur se confond avec l'emprunteur. Tous les possesseurs du sol pourront recourir au crédit de la Banque.
Il n'y aura point d'exception. Avec des immeubles
libres, les petits propriétaires pourront emprunter
comme les grands ; les communes comme les particuliers ; les établissements de bienfaisance comme l'Etat
lui-même. Avec la Banque territoriale, la double qualité de prêteur et d'emprunteur se confondant, il y
aura, indépendamment des avantages que nous avons
déjà signalés, celui de faire profiter l'emprunteur des
bénéfices procurés par les prêts de la Société, condition
qui, en dernière analyse, abaissera réellement au-dessous de 3 0/0 l'intérêt de la somme empruntée.

Cinquième objection.— Enfin, dit-on encore, la Banque
territoriale est tout simplement impossible parce que...
cela ne s'est jamais vu, parce que *cela ne peut pas être.* Si
cette création était possible, il y a longtemps qu'elle
existerait. Il n'est point nécessaire, pensons-nous, d'insister sur une pareille fin de non-recevoir. Mais quoi ?
Est-ce que ces merveilleuses inventions qui nous entourent, dont nous jouissons, n'ont pas eu aussi, dans
la personne de leurs auteurs, leur heure d'incrédulité,
de défiance, et, pourquoi ne le dirions-nous pas,
souvent aussi leur heure de martyre ?

Encore un mot, et je termine.

En Angleterre, l'opinion se préoccupe très fortement
de cette question. Malgré leur esprit profondément
conservateur, les Anglais sont toujours enthousiastes
des idées nouvelles, jamais ils ne les rejettent sans
examen. Leur esprit essentiellement positif ne s'effraie

jamais des plus grandes hardiesses de la pensée. Ils savent faire justice de l'utopie sans effort et distinguer le côté pratique de toutes les nouveautés et de toutes les innovations.

En Angleterre, dis-je, on propose quelque chose de plus hardi, de plus radical encore que le projet de M. David. On va jusqu'à demander que la propriété terrienne puisse se transmettre aussi aisément que celles des rentes sur l'Etat ou des autres valeurs mobilières, et on ne sollicite pas moins que l'ouverture d'un grand livre de la propriété immobilière, dont les titres soient des extraits légalisés transmissibles par endossement.

Nous sommes encore bien loin, en France, de pareilles idées; mais cependant, l'opinion a marché, et si on n'est pas, dans notre pays, aussi avancé qu'en Angleterre, du moins on est loin aussi des anciennes idées sur l'immobilisation de la propriété. Qu'on ne s'y trompe pas ! Ce ne sont point des rêveurs chimériques qui proposent cette réforme chez nos voisins, mais des écrivains justement considérés, et le gouvernement anglais lui-même ne dédaigne pas de s'en occuper.

Ne désespérons de rien, car heureusement nous vivons à une époque où il est impossible de tenir longtemps la lumière cachée sous le boisseau.

Je suis, Monsieur le Rédacteur, etc.

Camp de Châlons, juillet 1866.

NEUVIÈME LETTRE.

DE L'ASSOCIATION AU POINT DE VUE DE L'AGRICULTURE.

> Il est avéré que l'extrême division des propriétés tend à la ruine de l'agriculture, et cependant le rétablissement de la loi d'aînesse, qui maintenait les grandes propriétés et favorisait la grande culture, est une impossibilité. Il faut même nous féliciter, sous le point de vue politique, qu'il en soit ainsi.
>
> ....
>
> Qu'y a-t-il donc à faire? Le voici. Notre loi égalitaire de la division des propriétés ruine l'agriculture, il faut remédier à cet inconvénient par une association qui, employant tous les bras inoccupés, recrée la grande propriété et la grande culture sans aucun désavantage pour nos principes politiques.
>
> Louis-Napoléon Bonaparte.
> (*Extinction du paupérisme*).

Monsieur le Rédacteur,

Il résulte des considérations dans lesquelles nous sommes entré, à propos de la situation de l'agriculture française, que le morcellement de la propriété est poussé à ses extrêmes limites en France. Beaucoup d'auteurs, — et des meilleurs, — ont reconnu que si cet état de choses présente à la fois des avantages et des inconvénients, les inconvénients l'emportent sur les avantages au point de vue exclusif de l'agriculture. La division du sol, quoique favorable à une bonne répartition de la richesse, nuit essentiellement à la production agricole.

Le sol français, nous l'avons dit, est divisé aujourd'hui en un nombre infini de parcelles. Les pro-

priétés sont enchevêtrées les unes dans les autres ; les
domaines qui existent çà et là sont entourés d'enclaves
nombreuses, qui les découpent souvent de la façon la
plus anormale et en même temps la plus préjudiciable
à l'agriculture. Cette circonstance, très fréquente en
France, est une preuve de l'impuissance de nos cultivateurs d'arriver à l'assiette régulière de leur bien.
Elle constitue bien certainement un obstacle permanent
à toute agriculture perfectionnée, excepté peut-être
dans les pays vignobles et où la culture jardinière est
en usage, comme aux abords des grandes villes. Partout ailleurs, la situation résultant de l'enchevêtrement
des propriétés parcellaires s'oppose à l'emploi rationnel
des eaux, à l'exécution des grands travaux, et surtout
à l'emploi des machines, bien que cette dernière condition soit indispensable pour assurer la rapidité et
l'économie des différentes opérations agricoles, telles
que labours, semailles, etc.

Dans son remarquable traité de la Réforme sociale en
France, M. Leplay reconnaît l'existence de tous ces
graves inconvénients. A ce sujet, il s'exprime ainsi :

« Un calcul géométrique démontre, en effet, que des
» domaines agglomérés de 10 à 20 hectares trans-
» portent moyennement leurs instruments, leurs fu-
» miers et leurs récoltes, à des distances de 120 à
» 170 mètres ; tandis que, dans les villages à ban-
» lieue morcelée de 800 à 1,200 hectares, ces dis-
» tances moyennes s'élèvent, même pour les moindres
» propriétaires, de 1,060 à 1,300 mètres. Ainsi, pour une
» même surface de terre cultivée, les transports sont
» huit fois plus considérables que sur les domaines
» agglomérés ; les matières fécondantes, si bien mises
» à profit sur ces derniers, se dispersent improduc-

» tivement pendant de longs transports sur les ban-
» lieues morcelées ; *celles-ci sont absolument impropres*
» *à l'emploi des machines agricoles, et rebelles par con-*
» *séquent à toute culture perfectionnée.* Enfin, les régions
» qui ne jouissent pas d'une grande fertilité naturelle
» se trouvent privées par ce régime de tout espoir
» d'amélioration : les règlements qui imposent l'uni-
» formité du mode de culture y soumettent, en effet,
» les cultivateurs les plus intelligents à l'esprit de rou-
» tine de la majorité. C'est ainsi que dans ces plaines
» morcelées de la Champagne, que j'ai signalées comme
» type de ce déplorable régime, les conseils muni-
» cipaux conservent avec une inébranlable ténacité,
» nonobstant les tendances de la loi du 28 septembre
» 1791, les jachères et la vaine pâture qu'on ne trou-
» verait plus aujourd'hui, en Europe, dans une seule
» région à domaines agglomérés.

» Cette déplorable organisation des villages à ban-
» lieue morcelée n'offre point les avantages matériels
» et moraux que se flattent d'obtenir les écoles poli-
» tiques qui depuis la Révolution poursuivent à tout prix
» la division de la propriété rurale. On n'y trouve
» point notamment cette intime union de l'homme et
» du sol, qui se montre si bienfaisante chez les familles
» souches, à domaines agglomérés. »

Ainsi donc, en admettant comme réels et vrais tous
les inconvénients signalés par l'auteur que nous venons
de citer, — et il est difficile de les contester, — est-il
possible, sinon de les détruire entièrement, au moins de
les atténuer?

Divers moyens ont été proposés pour résoudre cette
importante et grave question. Afin d'arriver au *fusionnement* des parcelles, on a préconisé l'adoption d'un

vaste système d'échanges, la pratique des réunions territoriales, la liberté testamentaire, et enfin l'application du principe d'association. Tous ces remèdes s'éloignent assez, on le voit, les uns des autres. Bien qu'ils n'aient pas tous la même importance, nous croyons cependant devoir dire quelques mots de chacun d'eux.

L'échange est certainement un moyen aussi simple que naturel de remédier à l'enchevêtrement des parcelles et d'échapper à ses inconvénients. Mais il est insuffisant. Il est peu pratiqué dans nos campagnes, quoique possible dans un grand nombre de circonstances. Pourquoi? Parce que les intéressés obéissent trop souvent à un mauvais sentiment. En effet, il arrive souvent que deux propriétaires ont des enclaves l'un chez l'autre. Chacun d'eux, pour diminuer les transports et les pertes de temps, et surtout pour éviter des conflits malheureusement trop fréquents, aurait donc intérêt à consentir un échange qui rendrait l'exploitation de son domaine plus facile et plus avantageuse. La raison de ces avantages est facile à saisir. L'exploitant y trouverait sûrement le moyen d'augmenter la masse de ses engrais et une concentration plus utile de son activité, toutes conditions toujours très fructueuses. D'où vient donc que l'échange, malgré des avantages aussi clairs et aussi certains, se pratique rarement? De ce que les intéressés éprouvent plus de satisfaction à maintenir un ordre de choses gênant pour leurs voisins qu'à profiter de ce bienfait. Dans une circonstance encore récente, nous avons eu personnellement à lutter contre cette résistance obstinée sans pouvoir en triompher. On peut le dire, ce mauvais sentiment est aujourd'hui très répandu dans les campagnes. Quelques personnes prétendent même qu'il s'y propage tous les jours davantage. Quoi qu'il en soit, il existe, et ce seul fait de son existence suffit souvent pour paralyser l'intérêt qui pousse à la reconstitution de la grande et de la moyenne propriété. Il paraît même qu'on a vu des intermédiaires exploiter sur des propriétaires voisins cette fâcheuse disposition de leurs domaines. Ai-je besoin d'ajouter que tout cela crée une situation funeste aux progrès de l'agriculture?

Somme toute, l'échange, malgré les avantages évidents qu'il offre, est impuissant à combattre le morcellement du sol et tous les maux qui en dérivent.

Un autre moyen, beaucoup plus radical que l'échange, pour remédier à la subdivision indéfinie de la propriété, c'est la réunion territoriale. Cette combinaison d'origine germanique a été, paraît-il, appliquée dans le pays d'Outre-Rhin avec un plein succès.

En quoi consistent les réunions territoriales et comment se pratiquent-elles?

Lorsque tous les habitants d'un village ou d'une localité plus importante, sont d'accord pour reconnaître les mauvais effets du morcellement et l'avantage qu'ils auraient à reconstituer en une propriété unique les diverses parcelles qu'ils possèdent, ils se réunissent pour en faire l'abandon à la masse générale. Après cela, ils choisissent des arbitres désintéressés pour former des lots uniques, mais proportionnés à l'étendue et à la nature des morceaux primitivement abandonnés par tous les propriétaires. Quand il existe plusieurs lots pouvant convenir également à divers intéressés, ces lots sont tirés au sort. De cette manière, l'esprit d'accommodement et le hasard concourent à faire la part qui doit revenir à chacun en compensation des nombreuses parcelles qu'il possédait d'abord. Telle est dans toute sa simplicité la réunion territoriale. Mais, pour la voir réussir, deux conditions essentielles sont absolument nécessaires: la volonté qui assure l'adhésion des propriétaires intéressés et le droit le plus absolu de disposer de leur bien. Si l'une ou l'autre de ces deux conditions vient à manquer, la réunion territoriale devient impossible. On comprend facilement les nombreuses difficultés qu'elle doit vaincre, et les raisons d'intérêt qui peuvent à chaque instant paralyser sa réussite et son extension.

D'autres ont cherché un remède à l'excessif morcellement de la propriété terrienne et aux maux de la propriété industrielle dans la liberté testamentaire. Cette liberté a été préconisée dans ces derniers temps par de très habiles partisans. M. le baron de Veauce surtout l'a défendue avec conviction et un remarquable talent devant le Corps législatif. Les discours qu'il a prononcés à cette occasion sont remplis de faits intéressants et instructifs. Il est impossible de nier la grande valeur des arguments qu'il a invoqués en faveur de son opinion. Quant à nous, nous les trouvons sans réplique. En se constituant le défenseur de la liberté testamentaire, M. de Veauce se proposait pour but exclusif de venir en aide à l'industrie et à l'agriculture, de les protéger contre les maux qui résultent du partage forcé des successions. L'honorable député est entré dans de très longs développements pour justifier sa thèse. Ces développements sont de nature trop délicate pour être bien à leur place ici; nous renvoyons ceux qui voudront les mieux connaître aux documents spéciaux qui les contiennent. Malheureusement pour la cause que M. de Veauce défend avec tant d'énergie, elle n'est point suffisamment dégagée, aux yeux de certaines personnes, de toute couleur politique. Ses adversaires du moins le prétendent ainsi. La connexité du problème ainsi soulevé avec des questions de cette nature est essentiellement nuisible à sa solution. Espérons que le temps le dégagera bientôt de tout alliage étranger, afin de le résoudre d'une manière favorable aux grands et immenses intérêts qu'il tient sous sa dépendance.

Le partage forcé, tel qu'il est établi aujourd'hui par nos lois, ébrèche souvent, il faut bien en convenir, le patrimoine des familles. Mais ce qui le rend surtout préjudiciable aux intérêts de l'agriculture, c'est le morcellement indéfini qu'il impose à la propriété terrienne. Il n'est pas moins funeste aux intérêts de l'industrie, puisqu'en obligeant généralement les héritiers à la vente des établissements industriels, c'est une véritable dépossession qu'il entraîne. Il est impossible de nier tout ce que de pareilles conditions ont de fatal pour les intérêts agricoles et industriels. La liberté de tester intéresse donc leur avenir à un très haut degré. A ce titre, cette question mérite toute l'attention des agriculteurs, des industriels et des législateurs.

Certaines personnes objectent que, accorder la liberté testamentaire, c'est introduire dans nos lois quelque chose d'équivalent au rétablissement du droit d'aînesse. Nous pensons que c'est là une erreur qui ne soutient pas l'examen. Sans doute quelques citoyens pourraient abuser de ces nouvelles dispositions légales et s'en servir pour satisfaire soit leurs opinions politiques, soit même leurs passions du moment. Mais estce à dire pour cela que cet abus serait général? A côté de quelques abus possibles, il faut voir les services certains. Après tout, la loi actuelle est-elle exempte d'inconvénients? On ne saurait le prétendre. Il est impossible de contester la possibilité qu'il y a d'éluder ses dispositions, même les plus essentielles, par quelques combinaisons ingénieuses. Ce qu'il faut admettre aussi, c'est que de nos jours cette possibilité est plus grande qu'à aucune autre époque, grâce à la création et à la profusion de ces valeurs mobilières stipulées payables au porteur. Si les difficultés qu'on avait voulu créer ont disparu ; en d'autres termes, si elles sont impuissantes à prévenir le mal qu'on avait en vue d'empêcher, pourquoi conserver dans nos lois de succession un arsenal de dispositions restrictives ? Pour obtenir un bien hypothétique, faut-il donc créer des maux réels ? Il est démontré aujourd'hui que les entraves légales contenues dans le Code n'embarrassent que médiocrement le père de famille déterminé à agir d'après un certain ordre d'idées. Ce père de famille trouve autour de lui toutes les ressources qui lui sont nécessaires pour éluder les dispositions qui lui déplaisent, qui gênent ou contrarient ses volontés. La loi actuelle n'offre donc qu'une garantie illusoire à l'égalité des enfants dans les successions. Elle est tout au moins insuffisante dans la majorité des cas pour atteindre le but que poursuivent ses défenseurs, lorsqu'elle vient se heurter contre la volonté bien arrêtée du père de famille. Nous ne voulons démontrer ici que son impuissance à assurer quand même l'égalité dans les partages. A nos yeux la liberté de tester se concilie fort bien avec le principe égalitaire. Car, demander la liberté testamentaire pour permettre au père de famille de faire lui-même la part de chacun de ses enfants, afin d'éviter des divisions gênantes et des frais ruineux, ce n'est pas du tout se montrer partisan pour cela du droit d'aînesse.

La distance qui sépare les deux idées est immense.

La liberté testamentaire est bien loin d'être incompatible avec l'égalité réelle ; c'est un moyen de l'assurer sans courir les inconvénients qu'entraîne nécessairement le partage forcé. L'égalité est dans les mœurs de la nation française ; et les mœurs sont assez puissantes pour corriger les tendances de quelques partisans du passé. En résumé, la liberté testamentaire peut assurer l'égalité dans les successions, sans faire craindre le morcellement du sol, la dissolution des établissements industriels. Si avec le concours des mœurs, elle avait la puissance de remédier en partie aux maux trop réels qui proviennent de l'état de choses que nous avons signalé, la liberté testamentaire mériterait d'être mieux *appréciée* et peut-être *introduite* dans nos lois. Si elle facilitait des abus qui, après tout ne sont pas impossibles avec le partage forcé, en revanche, que d'avantages ne donnerait-elle pas aux familles, et principalement aux familles pauvres, qui sont exposées à voir absorber quelquefois leur patrimoine tout entier par les frais qu'entraînent les formalités judiciaires ?

Arrivons enfin au meilleur moyen de remédier au morcellement du sol, c'est-à-dire à l'association.

L'association n'est point une chose nouvelle ; elle est la base de la société. Nous devons déjà au principe d'association une foule de bienfaits, et notamment la création de la plupart des merveilles contemporaines. L'association est une véritable puissance qui permet d'utiliser des forces qui, isolées, resteraient perdues ; elle constitue le meilleur correctif à leur éparpillement.

Avant de faire connaître comment nous entendons appliquer l'association à l'agriculture, rappelons les diverses appréciations que les économistes les plus dis-

tingués de notre temps ont portées sur le principe lui-
même. M. Michel Chevalier est, sans contredit, l'un des
hommes les plns compétents en pareille matière. Voici
comment il s'est exprimé :

« L'association doit bannir le paupérisme, assembler
» en ordre social régulier les éléments sans cohésion
» des sociétés modernes. Le principe de l'association
» rendra la paix 'au monde, qui en a soif. Ceux qui se
» feront ses apôtres, et qui sauront se faire écouter,
» seront les *bienfaiteurs du genre humain*. »

Après M. Michel Chevalier, écoutons M. Wolowski,
professeur au Conservatoire des Arts et Métiers :

« Le progrès social ne peut consister à dissoudre
» toute association, mais à substituer aux associations
» forcées, oppressives des temps passés, des asso-
» ciations volontaires et équitables, des réunions, non
» plus seulement dans un but de sécurité et de défense,
» *mais dans un but commun de production*. »

Poursuivons notre examen. Laissons maintenant
parler un autre auteur, M. de Cormenin :

« L'esprit d'association et de famille se partagent le
» monde. La providence a mis ces deux instincts dans
» l'homme.

» Tous deux, sagement employés selon le but qu'il
» y a lieu d'atteindre, concourent au *bien particulier et*
» *au bien social*.

» La division extrême des propriétés commence à
» avoir, en plus d'un endroit, les *mêmes inconvénients*
» *que leur extrême concentration*. Au lieu d'être, comme
» ci-devant, le serf d'un seigneur, le paysan est devenu
» le serf de la misère, joug non moins pesant à porter.

» Comme il n'y a plus à secouer ni féodalité, ni dîmes,
» et qu'il n'y a plus autour de lui de terres à partager,

» il ne lui reste pas même ce qu'il avait jadis, la plainte
» et l'espérance.

» Dans les pays à terres morcelées, le paysan, moitié
» manœuvre, moitié propriétaire, ou simplement loca-
» taire et ouvrier de main et de journée, a tout à
» gagner à l'association.

» Elle peut faire ici des merveilles..... Et, de plus,
» quelle moralité dans ces associations ! Quel accrois-
» sement de bien-être dans le présent ! Quelle tranquil-
» lité d'âme pour l'avenir ! Quelle estime de soi-même
» et des autres ! Quels gages de bienveillance mutuelle,
» de salutaire et contagieux exemple, de bonne et vo-
» lontaire discipline, de fidélité aux engagements pris,
» et de paix intérieure pour la commune ! »

Citons encore M. Louis Reybaud :

« Quand le morcellement, dit-il, aura produit tous ses
» fruits, et qu'à la suite de dommages *évidents* on re-
» viendra de la culture émiettée à la grande culture, un
» autre progrès se fera dans les voies d'une *alliance entre*
» *les intérêts humains. De la propriété parcellaire naîtra*
» *l'association.* »

Ces citations sont claires et catégoriques, il est impossible de le contester. Nous pourrions les multiplier
davantage, mais nous croyons que celles-là suffisent
pour démontrer que l'opinion des économistes les plus
connus est éminemment favorable au principe même
de l'association. Les noms que nous venons de citer sont
ceux d'hommes très versés dans la science économique,
ce qui est bien une garantie contre ce que l'on appelle
généralement utopie. Mais il y a plus : il y a ce qui doit
convaincre les plus incrédules ; il y a *le fait, l'expérience,
la démonstration pratique* des avantages de l'association.
On ne pourrait raisonnablement exiger davantage.

Pour ne citer qu'un exemple, il existe dans les montagnes du Jura des institutions particulières connues sous le nom de fruitières ou de fromageries de société. Ce sont des établissements où tous les cultivateurs d'une certaine circonscription versent journellement leur laitage pour le faire manipuler en commun. Les produits sont ensuite partagés entre tous les associés proportionnellement aux quantités de lait que chacun a fournies.

Pour bien comprendre les avantages de la fruitière, il faut considérer successivement le cultivateur étranger à cette association et lorsqu'il en fait partie.

En dehors de la fruitière, quel emploi fait-il de son lait ? Il s'en sert généralement pour l'engraissement des veaux, et il est à peu près démontré qu'ainsi utilisé, le lait ne rend guère plus de six centimes par litre. En outre, cette industrie ne peut exister toute l'année. Alors, il faut convertir le lait en beurre et en fromage, opérations auxquelles les petites exploitations ne se livrent qu'avec un désavantage marqué. Car, pour battre du beurre avec profit, chacun sait qu'il faut avoir amassé une certaine quantité de crème. On parvient à ce résultat en accumulant les produits de plusieurs jours, quelquefois de plusieurs semaines. Mais, dans ce dernier cas, la conservation, indépendamment de l'embarras qu'elle cause, des chances auxquelles elle expose, n'a lieu qu'aux dépens de la qualité de la denrée. C'est ce qui explique surtout la fabrication de tant de mauvais beurre. Un fait incontestable, c'est que plus la crème a été gardée en nature, moins elle est susceptible de l'être sous une autre forme. D'une manière générale, on peut dire que le beurre d'une petite exploitation se vendra toujours moins bien que celui d'une grande ; et il coûtera beaucoup plus cher. Ce dernier résultat s'explique aussi facilement que le premier. Les frais généraux de propreté et de manipulation, les frais d'ustensiles et de vente au marché, qui sont à peu près les mêmes pour le grand et le petit établissement, porteront entièrement, avec la petite exploitation, sur de bien moindres quantités. S'il s'agit de la fabrication du fromage, la disproportion des situations est encore bien plus sensible. Si on veut utiliser immédiatement le lait de chaque jour, on n'opère que sur des quantités insignifiantes; si on veut se procurer une somme de produits assez forte, on est exposé à employer du laitage avarié. Il est clair que dans l'une ou l'autre de ces deux conditions, le temps et les soins que le fromage aura coûtés ne seront pas suffisamment rémunérés. La fabrication en petit se traduit donc par deux effets également fâcheux : l'infériorité dans la qualité du produit et l'élévation du prix de revient. Mais supposons que le producteur veuille obtenir la perfection du produit ; qu'il se procure les ustensiles, les locaux et tous les moyens indispensables pour réussir dans sa tentative. Quelle sera la conséquence directe de ses essais ? D'élever de suite considérablement la somme de ses frais généraux, qui, répartis sur la même somme de produits, augmenteront considérablement leur prix de revient. Un cultivateur placé dans de pareilles conditions fait sagement de s'abstenir de dépenses qui ne seraient peut-être pas couvertes. Le fromage ainsi fabriqué, c'est-à-dire avec les seules ressources que donne une petite exploitation isolée, a donc une moindre valeur que celui qui est fabriqué dans les conditions opposées. Est-ce tout ? Non. En poursuivant notre examen, nous ne tarderons pas à voir que ce n'est pas là le seul côté fâcheux de la situation qui nous occupe. Ce qui est plus grave encore, c'est que le ressort, le stimulant du progrès y est entièrement absent. Est-il possible d'admettre que le petit cultivateur, en restant ¡solé, puisse trouver l'encouragement intéressé qui lui est nécessaire pour soigner, améliorer et multiplier. son bétail? Poser la question, c'est la résoudre.

Le producteur fait-il partie d'une association, les choses se passent tout différemment. D'abord, c'est la société qui se pourvoit d'un local et d'un mobilier appropriés à la fabrication en vue de laquelle elle s'est formée; les frais de première installation répartis sur un nombre considérable d'associés ne reviennent qu'à un prix modéré pour chacun d'eux. En second lieu, la fabrication, au lieu d'être l'occupation de tous, est confiée à une seule personne qui, opérant tous les jours, n'étant détournée par aucune autre préoccupation, réussit d'autant mieux. Toutes les conditions indispensables pour assurer la qualité des produits sont beaucoup mieux assurées ; on trouve dans la laiterie l'excessive propreté qu'elle réclame, ainsi que la bonne conservation des matières premières et des fromages fabriqués. Avec le premier système, le transport et la vente nécessitaient le déplacement de cinquante personnes au moins ; aujourd'hui une seule fait très bien toute la besogne. De ce chef encore, une notable économie de frais bien faite pour mettre dans une complète évidence tous les avantages du second système.

De plus, l'association, réunissant tous les jours de grandes masses de laitage, n'a point à conserver la crème et le lait caillé. Mais l'économie de frais d'une part, la suppression des chances, d'avaries, de l'autre, ne sont pas les seuls avantages offerts par les fromageries dites de société. Personne n'ignore que la première condition à remplir pour obtenir la perfection des produits, c'est d'opérer toujours sur des matières premières très fraîches. Cette indication si importante ne peut être mieux observée que dans une fromagerie par association. Abondance de la matière première, d'où résulte la qualité de la denrée, l'économie de sa fabrication, tels sont en résumé les précieux avantages des fruitières.

Mais, par l'enchaînement des situations, d'autres considérations fort intéressantes méritent encore de nous arrêter pendant quelques instants. Les prix rémunérateurs obtenus par le cultivateur associé l'encouragent puissamment à multiplier ses vaches, à les bien entretenir, à améliorer les races. Le fumier, si nécessaire dans une exploitation, est plus abondant et moins coûteux. Or, il est hors de doute pour tout le monde que la multiplicité du bétail, l'abondance des engrais sont des conditions éminemment favorables à la prospérité de l'agriculture. L'établissement des fruitières est donc pour elle le point de départ d'améliorations toujours croissantes. Aussi, en parcourant les montagnes de la Franche-Comté, rien n'est plus facile à reconnaître, par l'état de la culture, les villages à fruitières et ceux qui n'en ont pas. Tandis que les premiers se font remarquer par un assolement alterné, un bétail nombreux et prospère, des moissons abondantes, les seconds contrastent par leurs jachères, leur bétail rare et chétif, et leurs maigres récoltes.

Ces associations, une fois établies, durent éternellement. Il n'est pas un seul exemple de fromagerie de société détruite. Ce résultat est dû à l'esprit de conciliation de tous les intéressés. Tantôt ce sont des communes entières qui font les dépenses de constructions et de matériel, absolument comme on fait ailleurs pour des halles ou des fontaines. D'autres fois les associations, primitivement établies chez un de leurs membres, s'imposent une retenue pour élever des bâtiments mieux appropriés à leur destination. Mais, quelle que soit la manière de procéder, la discipline y est toujours si sûre et si simple que jamais aucune discussion pénible ne vient troubler la marche de ces sociétés.

Les associations de cette nature sont aujourd'hui fort nombreuses. Elles ont incontestablement contribué au bien-être des localités où elles existent, par la création d'une industrie lucrative, par l'impulsion imprimée à l'agriculture locale qui de stationnaire est devenue progressive à un haut degré. Est-ce tout? Non. Elles ont encore développé les qualités morales de ces populations en leur imposant chaque jour davantage l'amour de l'ordre, de la comptabilité, de la conciliation, l'estime et le respect d'autrui.

Voyons maintenant quelles sont les bases essentielles constitutives de ces sociétés, en d'autres termes, quelles sont les conditions qui se reproduisent le plus généralement dans la rédaction de leurs contrats?

Les associés décident presque toujours les résolutions suivantes:

1º L'élection d'une commission et d'un secrétaire-trésorier conjointement chargés de la gérance et de tous les intérêts communs,

2º Le droit accordé à la commission de prononcer des amendes, et même l'exclusion temporaire ou définitive contre les sociétaires coupables de négligence ou de fraude;

3º Le droit pour chaque associé de se retirer quand

bon lui semble, en abandonnant sa part dans le mobilier commun. L'exclusion entraîne nécessairement cet abandon ;

4o Le droit absolu pour la commission de juger les différends entre associés, sans qu'ils puissent jamais appeler de ces jugements ;

5° Le droit aussi d'admettre de nouveaux sociétaires. Les héritiers sont toujours admis à succéder aux droits et prétentions de leurs auteurs ;

6o La mise à la disposition de tous les sociétaires du registre des délibérations de la commission, et même l'ouverture d'un compte spécial en matières et en deniers pour chacun d'eux ;

7° La reddition d'un compte général annuel ;

8o Le droit pour chaque associé de garder le lait nécessaire à son ménage ;

9° L'exclusion du lait des bêtes malades ou fraîchement vêlées ;

Telles sont les principales règles qui régissent toutes ou presque toutes les fromageries de Société. Indépendamment de ces conventions, en quelque sorte fondamentales, elles peuvent en accepter d'autres. C'est ainsi que les unes décident que les ventes se font en commun, tandis que les autres se distribuent les fromages en nature.

Dans tous les cas, un point acquis, c'est que ces établissements sont très avantageux pour tous, et qu'ils accroissent, dans une notable proportion, la richesse des pays qui en sont dotés. Dès lors l'association, qui a été si profitable aux fromageries du Jura, ne pourrait-elle pas servir aussi l'intérêt des pays vignobles et même des contrées exclusivement agricoles? Il est clair, en effet, que les propriétaires de vignes ont le même intérêt que les montagnards du Jura. Si au lieu d'avoir, par exemple, vingt ou cinquante pressoirs, vingt ou cinquante celliers, ils vendangeaient, fabriquaient leur vin, le conservaient en commun, n'obtiendraient-ils pas de notables économies et une amélioration réelle dans la qualité de leur denrée? La production et la fabrication en grand sont, pour l'industrie, des conditions indispensables de succès, cela est démontré par l'expérience journalière. Or, nous avons prouvé que l'agriculture est une véritable industrie, se distinguant des autres seulement par des difficultés spéciales. Donc, l'agriculteur doit faire son profit des lois qui régissent l'industrie, parce que ces lois sont absolues, et que, comme toutes les lois, elles ne souffrent point d'exception. Mais pourquoi l'industriel qui opère sur une vaste échelle, réalise-t-il de plus gros bénéfices? Pourquoi cette situation lui est-elle toujours avantageuse? C'est là chose facile à comprendre. Celui qui dans ses usines peut introduire la division du travail obtient de ce seul fait deux avantages considérables: le premier, la perfection du produit qui dérive de l'habileté manuelle de l'ouvrier exécutant constamment les mêmes manipulations; le second, une abondance supérieure de produits obtenus, toutes choses égales d'ailleurs par la puissance des moyens. On le voit, ces deux résultats se confondent pour concourir au même but, la supériorité écrasante de la grande industrie qui peut ainsi, mieux qu'aucune autre, assurer l'abaissement du prix de vente par la diminution du prix de revient.

Pour toutes ces raisons, nous croyons que l'association, qui a été si profitable aux fromageries du Jura, serait aussi d'une utilité incomparable pour l'amélioration de l'agriculture proprement dite. Elle assurerait à l'agriculteur des bénéfices certains, amoindrirait les difficultés de sa tâche ; l'obligerait à la réflexion, aux habitudes d'ordre ; lui ferait une loi de s'initier au mécanisme de la comptabilité, et lui enseignerait sûrement le secret de ses succès et de ses mécomptes, secret qu'il ignore trop généralement.

Donc, en vue de la culture du sol et à l'instar des fruitières du Jura, il serait avantageux de fonder des associations agricoles. Les conditions générales stipulées par les fromageries seraient suffisantes, pensons-nous, pour des Sociétés plus vastes, mais dont les difficultés ne sont guère plus compliquées.

En effet, la valeur de la terre est facile à apprécier, soit en prenant pour base la quotité même de l'impôt, soit en adoptant toute autre règle fixée par convention amiable. Après avoir déterminé la valeur des différents lots de terre apportés à la masse commune, en vue de fonder une exploitation agricole, rien n'est plus simple que d'assigner la part proportionnelle de revenu à payer à chaque propriétaire associé.

Un tableau annuel des recettes et des dépenses serait annexé à la fin de chaque exercice au compte rendu général dressé par les soins d'un directeur-gérant.

La Société aurait donc ses statuts, sa comptabilité, ses inventaires. Tous ces documents, ainsi que les résolutions votées, seraient soumis à l'examen de chaque sociétaire. Une commission permanente aurait pour principale mission de surveiller l'exécution des décisions prises, mais sans pouvoir entraver, en aucun cas, la direction du gérant. Ce dernier, choisi autant que possible parmi les membres les plus compétents en agriculture et en même temps les plus honorables, aurait la surveillance des travaux, du personnel et de la comptabilité. Il dirigerait, sous sa propre responsabilité, les différentes opérations agricoles. Il représenterait la Société dans ses rapports extérieurs. En un mot, il serait l'âme de l'association, sans jamais être cependant indépendant d'elle, puisqu'il aurait toujours besoin de son vote pour faire agréer l'ensemble et les détails de sa direction.

Qu'on ne dise pas que toutes ces conditions sont autant d'impossibilités, car toutes les sociétés industrielles, les grandes administrations de chemins de fer fonctionnent partout admirablement. Si les dispositions réglementaires qui les régissent ont jusqu'ici assuré leur réussite, je ne vois vraiment pas le motif qui rendrait ces mêmes dispositions impropres à garantir le succès des entreprises agricoles. Je vais plus loin et je soutiens qu'en y réfléchissant mûrement, l'organisation des sociétés industrielles que nous avons sous les yeux a présenté des difficultés autrement grandes que celles que les agriculteurs ont aujourd'hui à résoudre. Nous en indiquerons plus loin les raisons. Pour le moment, poursuivons l'exposé des règles essentielles à la bonne organisation, au fonctionnement régulier des associations agricoles telles que nous les concevons.

Nous l'avons dit précédemment, le gérant aurait la surveillance de tout le personnel ; chaque lot de terre représenterait pour ainsi dire une action à revenu variable. De plus, afin d'intéresser chaque employé à bien remplir sa mission, à ne point négliger son travail, à agir toujours en vue des intérêts sociaux, il lui serait alloué, en dehors d'un salaire déterminé, une prime sur les bénéfices, sorte de dividende dont la quotité serait fixée proportionnellement aux bénéfices réalisés par la Société.

En outre, on pourrait toujours admettre, sous la réserve de certaines conditions propres à sauvegarder les droits acquis des associés, de nouveaux sociétaires.

Enfin, ces règles pourraient, au gré des intéressés, être modifiées par d'autres combinaisons d'ensemble ou de détail. Nous croyons cependant, par l'aperçu que nous venons de donner, avoir suffisamment fait comprendre sur quelles bases doivent être fondées les associations agricoles. Pour compléter notre pensée, il nous reste à prouver deux points principaux : d'abord, que l'association agricole est possible dans la situation actuelle de la propriété en France ; ensuite, qu'elle serait favorable aux divers intérêts qui y seront plus ou moins directement engagés.

Essayons de faire cette double démonstration.

En premier lieu, l'association agricole est-elle possible ?

Nous n'hésitons pas à répondre affirmativement. Pour appuyer notre opinion, nous sommes encore obligé de recourir aux enseignements de la statistique. Il est impossible d'agir autrement toutes les fois qu'il s'agit de constater l'existence d'un fait de la nature de ceux qui nous occupent. Nous aimons mieux consigner ici les affirmations pleines d'autorité d'un statisticien, comme M. Maurice Block par exemple, que notre propre opinion. Espérons que cette considération nous gagnera l'indulgence des personnes qui seraient peut-être disposées à nous reprocher d'abuser des documents statistiques. En tout cas, nous croyons cet abus moins grand, — si toutefois c'en est un, — que celui qui consiste à n'émettre que des opinions personnelles. Cela dit, voyons quelle était, d'après le recensement de 1851, la situation de la population agricole.

Cette population, on le sait, se compose de propriétaires, de fermiers, de métayers et de journaliers.

Sur 1,000 fermiers, il y a 575 fermiers non propriétaires, 344 fermiers propriétaires, et 81 fermiers exerçant une autre profession.

Sur 1,000 métayers, on compte 748 simples métayers, 176 métayers propriétaires, et 86 métayers exerçant une autre profession.

Sur 1,000 journaliers, 760 sont simples journaliers, 190 journaliers propriétaires, et 50 exerçant une autre profession.

Que faut-il conclure de ces faits?

Que l'association agricole est possible malgré l'opposition des fermiers ; que l'expérience peut être tentée en dehors d'eux et malgré leur résistance, attendu que la propriété terrienne est encore, à l'heure qu'il est, détenue pour la plus grande partie par des gens qui ne cultivent pas par eux-mêmes. En conséquence, il faut et il suffit pour la réussite des Sociétés agricoles que trois ou quatre propriétaires non fermiers, d'une même commune, soient convaincus des avantages de l'association. Il faut même moins que cela. Il suffirait seulement, pour réussir, de trouver trois ou quatre propriétaires assez désintéressés pour tenter un essai, une sorte d'expérience dans un but patriotique. Que risqueraient-ils après tout à tenter une semblable chose? Le pis qui pût leur advenir serait de risquer une partie de leur revenu, car la terre ne peut jamais leur échapper. Est-ce donc là une témérité impossible quand on voit chaque jour les capitaux affluer dans des entreprises environnées de périls ou tout au moins d'incertitudes. Dans ce dernier cas, ce n'est pas seulement la diminution de leur revenu que risquent les capitalistes, mais bel et bien la perte de leur propriété elle-même. Comment? Malgré la fragilité du capital, on a trouvé en France des ressources financières immenses pour mener à bien une foule d'entreprises nationales et étrangères, et on douterait de trouver trois ou quatre propriétaires assez intelligents et assez désintéressés pour tenter une œuvre destinée à opérer une révolution dans l'agriculture et dans la puissance du pays. Nous nous refusons à admettre une telle impossibilité.

Nous venons de raisonner dans l'hypothèse la plus défavorable, et nous avons montré que l'avenir d'une société agricole ne pouvait être en aucun cas ni désastreux, ni redoutable. Il nous reste maintenant à envisager les choses sous un jour plus favorable.

Si une société, même restreinte aux minimes proportions que nous venons de lui assigner, venait à prospérer, — ce dont nous sommes convaincu, — qu'arriverait-il? Que ces sortes d'exploitations agricoles se multiplieraient très vite. Rien ne convertit les hommes comme le succès. Si les trois ou quatre propriétaires associés dont nous avons parlé retiraient de leur association un revenu aussi élevé que celui qui est servi par leurs fermiers ; si, — ce qui est encore très probable, — ils y trouvaient un aliment à leur activité, un moyen d'exercer avantageusement leurs facultés intellectuelles, nous verrions en peu de temps tous les propriétaires fonciers renoncer à l'affermage de leurs terres pour se constituer en sociétés semblables. Or, la statistique nous dit qu'ils sont les plus nombreux, et il est démontré par ce qui se passe dans les fromageries du Jura que plus une Société est nombreuse, plus elle a de puissance et plus elle réalise de profits. Donc, la conséquence naturelle qui sortirait de ces faits serait de substituer de plus en plus l'association à l'affermage des terres. La position de fermier deviendrait à chaque instant plus difficile et même bientôt impossible. Il n'y aurait place après quelques années que pour les associés, tant les choses se transforment vite à notre époque, une fois le mouvement commencé.

Les fermiers se transformeraient en associés ; ceux qui résisteraient au mouvement économique ne tarderaient pas à être vaincus dans la lutte, comme le tisserand l'a été à une autre époque par le fabricant pourvu de machines, comme le *gafforeau* de M. de Gasparin l'a été par le roulier, et comme le roulier lui-même l'a été plus tard par la puissance des compagnies.

Assurément, il est difficile de déterminer exactement quel temps un pareil changement mettrait à s'opérer. Mais ce qui est certain, c'est que dans les conditions que nous venons d'indiquer, il se ferait.

Donc, l'association agricole est possible.

La possibilité de l'association étant établie, il nous reste à accomplir la seconde partie de notre tâche, c'est-à-dire à prouver que l'association serait encore favorable aux divers intérêts qui y sont directement engagés.

On comprend de suite que nous n'apportons pas, à l'appui de notre opinion, une expérience régulièrement faite et minutieusement circonstanciée. Si nous avions par devant nous une base aussi solide, la cause que nous plaidons serait gagnée, ou tout au moins bien près de l'être. Cependant, à défaut d'une preuve décisive, il ne faut pas croire que nous soyons complétement désarmé. Il nous reste, au contraire, un faisceau de considérations puissantes qui, croyons-nous, suppléent à la preuve directe qui nous manque. En effet, si procédant par analogie, on reconnaît que les fruitières du Jura ont

supérieurement réussi, qu'elles fonctionnent partout
où elles existent avec la plus parfaite régularité, il
faut bien aussi admettre que ces établissements ne
diffèrent pas essentiellement des exploitations agricoles ?
Toutes les objections qu'on peut faire aux Sociétés agricoles peuvent être adressées avec autant de raison aux
fromageries de la Franche-Comté. Cependant ces objections sont restées lettres mortes, impuissantes devant
l'expérience, le fait pratique. Les fruitières sont, à la vérité, des établissements plus simples que les Sociétés
agricoles que nous défendons, mais assurément d'une
nature analogue. En conséquence, nous trouvons dans
leur existence un précédent important de nature à
encourager les associations purement agricoles. Mais
ce n'est pas tout. La logique nous fournit encore d'autres
arguments qui nous paraissent avoir une certaine
valeur.

L'association servirait tous les intérêts en présence,
avons-nous dit? Et d'abord quels sont ces intérêts?

Les trois principaux intéressés sont : le propriétaire,
le fermier et l'ouvrier.

L'association profiterait-elle au propriétaire? Oui,
certainement. Afin de ne laisser subsister aucun doute
à cet égard, examinons successivement comment les
choses se passent dans l'affermage des terres et comment elles se passeraient dans l'hypothèse d'une association agricole. Dans la pratique journalière du
fermage, quelle est la position du propriétaire? Il
abandonne la jouissance de ses terres moyennant une
redevance annuelle, fixe, invariable. Avec ce mode de
procéder, le fermier peut s'enrichir ou se ruiner. En
effet, si l'année est productive, si elle donne d'abondantes moissons, et si en même temps les denrées se

vendent bien, il réalise d'assez gros bénéfices. Dans ce cas, le payement de la rente a lieu sans difficulté. Mais il peut arriver aussi, — et cette hypothèse est tout aussi probable que l'autre, — que les intempéries des saisons amènent la pénurie des récoltes. Alors le fermier est constitué en perte. Comme conséquence, le payement des termes est difficile. Le propriétaire est, dans ce cas, dans une situation très pénible. Il ne peut ignorer la position malheureuse de son tenancier, l'impossibilité où il est de satisfaire aux obligations que ce dernier a contractées envers lui. Le propriétaire se trouve ainsi placé dans l'alternative fâcheuse ou de consentir une remise, une diminution de ses revenus, ou enfin de se montrer créancier implacable. Il se trouvera obligé de recourir aux mesures de rigueur envers son malheureux locataire et d'en exiger quand même une redevance qu'il sait être hors de proportion avec les recettes réalisées par ce dernier. Je le demande, est-ce bien là une situation parfaite, entièrement exempte de soucis? La rente fixe est donc pleine de périls et d'incertitudes pour le propriétaire comme pour le fermier, parce qu'avec elle, la part du hasard est trop grande. L'affermage des terres a donc pour inconvénients ou d'exposer le propriétaire à ne pas retirer tout le profit qu'il est en droit d'attendre de son domaine, ou encore de l'obliger à se montrer intraitable en présence d'une position malheureuse. Telle est la conséquence de la *rivalité* d'intérêts qui existe entre l'exploitant et le possesseur du sol. L'un ou l'autre sera ou se prétendra victime, selon les circonstances et les éventualités dues au hasard.

Je ne parle point ici des précautions minutieuses que le propriétaire est obligé de prendre lorsqu'il a affaire à un fermier malhonnête ou insolvable. J'ai raisonné en me plaçant dans les conditions les plus simples, et partant les plus ordinaires. Mais enfin une situation plus malheureuse que celle que nous avons eue en vue est possible, et alors.....

Avec l'association, toutes ces difficultés se trouvent écartées comme par enchantement. La double alternative posée au propriétaire est conjurée. En effet, si l'année a été favorable, si les récoltes ont été abondantes, c'est un bon dividende que touchera le possesseur du sol ; sa rente sera plus élevée sans amoindrir pour cela les autres profits à distribuer. Si c'est le contraire qui est arrivé, c'est-à-dire si les récoltes ont manqué, le propriétaire touchera encore sa vraie part de revenu, celle qui lui revient réellement. Dans ce dernier cas, il n'aura pas la douleur, toujours grande, de sentir autour de lui une gêne, une misère véritable. Le travail d'exploitation aura été payé ce qu'il vaut, puisque les conditions de sa rémunération sont connues et parfaitement déterminées d'avance. Il est vrai que le propriétaire sera tenu de vérifier un compte général, de s'intéresser quelque peu aux opérations d'un gérant, d'apprécier l'habileté de la direction imprimée à l'entreprise, peut-être même de voter des résolutions. Mais tout ce travail de simple vérification est-il comparable aux préoccupations incessantes qu'impose aux propriétaires l'affermage des terres? Nous ne le pensons pas. Quant à nous, nous trouvons la dernière situation, celle qui est faite par l'association, beaucoup moins lourde que l'autre ; nous la trouvons infiniment préférable, attendu que le possesseur du sol peut toujours voir clair dans les affaires sociales, qui, après tout, sont les siennes. Il ne court plus risque d'être

abusé sur le rendement de son domaine, sur la qualité
des bénéfices qu'il produit, et c'est bien quelque chose.
Il connaît la valeur réelle de sa propriété. L'association
agricole n'a qu'un tort, mais un tort grave, c'est de
n'être pas entrée dans les habitudes. Assurément, celui
qui le premier fera des efforts dans ce sens et qui saura
les rendre fructueux méritera beaucoup de l'agriculture
française. Il lui aura imprimé une vie nouvelle, et
les conséquences d'un pareil changement sont incalcu-
lables.

Arrivons maintenant au deuxième intéressé, c'est-à-
dire au fermier.

La situation de ce dernier sera aussi moins précaire.
En effet, l'association le métamorphosera. De fermier
qu'il était, il deviendra associé, s'il est possesseur du
sol; il sera simplement gérant ou directeur, dans le cas
opposé. Son rôle ne sera plus le même ; mais, à tout
considérer, sera-t-il amoindri ? Non encore. Il ne
courra plus de risques aussi grands que dans la position
première. Pour mieux nous rendre compte de la transformation opérée, examinons ce qui doit arriver dans
chacune des deux hypothèses que nous avons déjà
posées ailleurs, c'est-à-dire quelle est la position du
fermier actuel et quelle serait celle qu'il trouverait dans
l'association agricole ? La situation actuelle du fermier,
nous la connaissons. Il ne nous reste rien à ajouter
à ce que nous avons déjà dit en parlant de celle
du propriétaire. Voyons donc ce que l'association
promet au fermier ? Si le fermier possède une certaine
portion du sol, il devient comme son propriétaire,
associé ; sa position ne se distingue point de la sienne.
Tout ce que nous avons dit relativement au premier
s'applique rigoureusement au second. Mais, objectera-

t-on, que fera-t-il maintenant de son temps, de son
activité, de ses aptitudes? Hier, il exerçait, à ses risques
et périls il est vrai, une profession qui le faisait vivre
lui et sa famille; aujourd'hui, il est condamné à
l'oisiveté ou à peu près. Eh! mon Dieu! non, c'est une
erreur. Le travail est toujours une marchandise précieuse dont il est facile de faire le placement. Le
fermier n'est point tenu de rester oisif pour cela. Un
changement pareil l'obligera à beaucoup réfléchir, à
méditer, à combiner ses résolutions, c'est vrai; mais
c'est là une secousse qui, en dernière analyse, lui sera
profitable. Si un fermier aime sa profession, s'il est
intelligent; s'il possède, en un mot, des connaissances
spéciales réelles et une honorabilité intacte, il ne
manquera pas d'être recherché. Les hommes de cette
trempe sont toujours rares et précieux. Le fermier
d'autrefois deviendra donc le directeur ou le gérant de
la Société nouvelle. Si, au contraire, toutes ces qualités
lui font défaut, il occupera un poste plus modeste, moins
lucratif, mais en rapport avec sa valeur individuelle, ou
bien, enfin, il ira ailleurs tirer un parti plus avantageux
de ses facultés. Dans tous les cas, il percevra sa part
comme associé. Et si, à cette part, il ajoute le produit
de son travail, — de quelque côté qu'il vienne, — il est
permis d'espérer que ces deux ressources réunies lui
assureront une situation, sinon meilleure, au moins
équivalente à celle qu'il avait comme fermier. Lui donc,
non plus, n'a rien à perdre à la transformation, car il
est débarrassé d'un souci bien lourd, celui d'exposer
son propre patrimoine, sur lequel repose souvent
l'avenir de sa famille, pour satisfaire à des engagements parfois téméraires.

Mais si le propriétaire et le fermier trouvent également leur compte dans ce mode d'association, l'ouvrier sera-t-il plus maltraité qu'eux? Pas davantage. En effet, le travailleur des champs, de simple salarié s'élèvera à la position d'associé. Outre une rétribution déterminée d'avance, il retirera encore de son labeur une prime éventuelle, dont l'importance sera basée sur les profits de l'exploitation. Il n'est pas nécessaire d'insister pour prouver que, grâce à cette combinaison, l'ouvrier est élevé et en même temps intéressé au succès dans une certaine mesure. Il n'est plus le mercenaire d'hier, il est associé. Ajoutons encore que l'association conduit à la grande culture, et que la grande culture assurant l'intervention des machines dans l'exécution des travaux agricoles, le travailleur de la Société agricole aura encore l'avantage précieux d'être, du même coup, débarrassé d'une foule de travaux ingrats, absorbants, répugnants même. L'ouvrier, placé dans ces nouvelles conditions, se livrera de meilleur cœur à ses occupations habituelles. Mais nous reviendrons plus tard sur cet important sujet. Quant à présent, qu'il nous suffise de dire que nous voyons dans l'association agricole l'émancipation du travailleur. Il profitera de l'application de ce nouveau principe plus encore que le propriétaire et le fermier. Nous espérons qu'il y trouvera la somme de bien-être nécessaire pour l'empêcher d'émigrer à la ville, pour le retenir auprès de son clocher. Primitivement esclave, devenu serf avec le moyen âge, salarié de nos jours, l'ouvrier des campagnes doit arriver nécessairement à la position d'associé. Il le faut pour qu'il soit satisfait. C'est à l'agriculture, quand elle sera devenue prospère et grande, de tenter cet immense progrès social ; c'est à elle qu'il appartient de réaliser ce que n'a pu faire jusqu'ici la grande industrie. Alors, mais alors seulement, l'agriculture n'aura plus à craindre la dépopulation des campagnes, et les bras ne lui manqueront plus.

Je n'entends point dire pour cela que la grande industrie ait été sans influence sur la marche du progrès. Elle y a aidé puissamment au contraire, et aujourd'hui elle y aide encore en appelant, en imposant comme une nécessité la grande culture, condition indispensable à l'harmonie générale. Malgré les reproches souvent injustes qu'on lui a adressés, l'industrie a augmenté de beaucoup la somme des jouissances de la société. Sa cause est gagnée, bien qu'on l'ait accusée d'une foule de maux. On lui a reproché, en effet, d'avoir provoqué la dépopulation des campagnes, le déclassement des individus ; d'avoir développé chez l'ouvrier un amour exagéré du luxe et du bien-être. Au fond, personne ne songe à regretter le rouet ou la navette d'autrefois. C'est que, malgré ces griefs imaginaires, on ne peut s'empêcher de reconnaître que la grande industrie, avec les puissants moyens dont elle dispose, a, dans d'énormes proportions, multiplié ses produits et abaissé leur prix de revient, deux conditions éminemment favorables à la consommation. Or, la consommation, c'est le débouché, c'est la mère du progrès. La consommation entraîne nécessairement la multiplicité des échanges, et partant le développement de la richesse générale, la profusion des jouissances. Toute augmentation de la richesse est bonne en soi, puisqu'elle tourne, en dernière analyse, au profit de l'humanité, à son bonheur même.

La grande culture, possible par l'association, ne donnera donc pas moins d'avantages à la société que la grande industrie. Au reste, l'une appelle l'autre. C'est là un effet de l'enchaînement général des choses.

Au surplus, l'association n'est point une nouveauté, même en agriculture. Elle est déjà entrée dans la pratique sous une forme moins radicale que celle que nous exposons. En nous rendant cette année au camp de Châlons, nous avons traversé les fertiles plaines de la Brie. Nous avons observé ; nous avons même, dans le but de nous instruire, interrogé plusieurs paysans sur les procédés et les usages de leur culture locale. Nous avons appris, avec un assez grand étonnement, qu'il existait dans de nombreuses localités du département de Seine-et-Marne, et notamment aux environs de Rozoy, de véritables associations agricoles. Les cultivateurs de ce pays ont senti leur impuissance individuelle, et, pour y remédier, ils se sont associés. A la vérité, ils n'ont point mis leurs terres en commun pour former une exploitation unique ; mais ils ont réuni leurs ressources pour se procurer les instruments aratoires et les machines perfectionnées dont ils sentaient la nécessité chaque jour, instruments et machines coûtant trop cher pour que chacun d'eux pût isolément en faire l'acquisition. N'est-ce pas là un progrès véritable, un acheminement vers une transformation plus profonde et plus radicale? S'entendre pour acheter des objets dont on doit jouir en commun me prouve qu'il est possible de s'entendre aussi pour quelque chose de plus complet. C'est là, à nos yeux, un précédent favorable, un indice plein d'avenir ; en d'autres termes, c'est une ébauche de l'association future dont il est bon de prendre note. Ainsi donc, en se réunissant soit à dix, soit à douze, ces petits cultivateurs de la Brie se sont procuré tantôt un semoir mécanique, tantôt une faucheuse. Ils se louaient fort de leur résolution et me racontaient complaisamment tous les avantages qu'ils retiraient de leur association. Ils n'avaient jamais eu ni différend, ni contestation, et cependant il n'existe point entre eux de convention écrite. Leur entente est parfaite ; *chacun y met du sien*, pour me servir de leur propre langage. La garde des instruments appartient à celui qui s'en sert le dernier. Les réparations se font à frais communs. Ce sont bien là, pour l'achat comme pour la conservation, tous les caractères d'une véritable association. Point d'objections possibles contre de pareilles Sociétés, puisqu'elles existent pratiquement et que leurs bons effets parlent aux yeux des intéressés. Il nous paraît sage d'encourager une pareille tendance dans un grand nombre de localités, partout enfin où le besoin s'en fait sentir, en attendant que l'heure soit venue d'une association plus vaste et plus complète. Suivant nous, rien ne mérite plus aujourd'hui l'attention de la petite culture.

En France, dans la plupart des communes rurales, des associations semblables pourraient se former. Fondées à l'instar de celles qui existent dans la Brie, et aussi peut-être ailleurs, ces sociétés rendraient momentanément de très grands services, car pour beaucoup de fermiers, même aisés, c'est une lourde dépense que celle qui consiste dans l'achat et l'entretien d'un matériel perfectionné. Beaucoup d'outils ne servent que peu de jours dans l'année, soit à l'époque des semailles, soit au moment des récoltes. Cependant leur acquisition se traduit de suite, pour le cultivateur, par l'immobilisation d'un capital important. Rien que de ce chef, les petits fermiers français subissent une dépense considérable dont l'effet préjudicie beaucoup au progrès agricole. Ils sont ainsi tenus d'augmenter leurs dépenses générales d'exploitation dans une mesure hors de rapport avec l'étendue de leurs domaines. Il est presque inutile de dire que cette situation constitue les petits fermiers dans un état évident d'infériorité; qu'elle réagit directement sur le prix de revient des denrées qu'ils produisent. De là encore la nécessité où se trouvent généralement les cultivateurs français de renoncer aux avantages que donne l'instrument ou la machine, pour éviter l'inconvénient d'une dépense excessive pour eux. Il n'y a que l'association qui puisse remédier à un pareil obstacle, car, avec elle seule, la part du capital immobilisé, pour l'acquisition des instruments aratoires nécessaires, se trouve réduite au dixième ou au vingtième, selon que la Société se compose de dix ou vingt membres. Je le répète, il serait sage d'encourager partout ces sortes de Sociétés agricoles. Il ne faut pas croire que l'achat des instruments les plus essentiels nécessiterait des dépenses exagérées; il ne faut pas croire non plus que la réalisation de ces dépenses serait immédiatement nécessaire. Sans aucun doute, les fabricants d'instruments, trouvant en face d'eux des associations, dont les membres sont solidaires, pourraient se montrer accommodants quant aux prix et quant aux échéances des payements. Cette question mérite bien quelques moments de sérieuse attention. Une autre considération non moins importante que les précédentes milite encore en faveur de cette idée, c'est la suivante : avec des associations communales, le nombre des machines à acheter serait généralement suffisant, quoique restreint, parce que, dans une même commune, la culture est assez uniforme. En même temps, les cultivateurs associés trouveraient sans déplacement, pour ainsi dire sous leur main, ces utiles auxiliaires mécaniques dont ils ont si souvent besoin.

Un de mes meilleurs amis à qui j'exposai mes idées sur la possibilité des associations agricoles en vue de la culture en commun des terres, m'a opposé les objections suivantes :

« 1° En supposant possible le fusionnement des parcelles, le propriétaire n'existant plus que pour le partage des dividendes, le sol, à moins d'établir une armée de 3 à 400,000 *surveillants*, sera mal cultivé. — Imaginez l'effroyable dépense des frais d'administration, si vous le pouvez.

» 2° Les petits propriétaires actuels pourront être aux gages de l'association, mais sans volonté, sans initiative, avec un dévouement proportionnel à leur quote-part de propriété, c'est-à-dire réduit souvent à zéro. — Quant aux riches propriétaires, ils s'éloigneront.

» Des associés seront toujours plus tièdes pour les intérêts généraux de l'entreprise que nos fermiers et métayers actuels, n'en doutez pas.

» 3° Imaginez, une fois la fusion faite pour un bail de 30 ou 40 ans, l'énormité des premiers frais à faire, bâtiments, machines, chevaux, etc. Le crédit agricole n'y suffira pas ; or, il n'y a pas moyen de monter graduellement de telles entreprises ; il les faut établir du premier coup et les exploiter sans tâtonnement.

» 4° Evidemment, l'époque de transition serait très-pénible ; les produits, quelque espoir que l'on fonde sur les machines, reviendront cher et s'écouleront difficilement. — L'agriculture devenant une chose *industrielle*, sera exposée à un fléau de plus, aux sinistres financiers ; c'était bien assez de ceux qu'opposait la nature aux efforts de l'homme.

» 5° Comptez-vous pour rien la difficulté d'établir, sans lutte et sans réclamation, le revenu proportionnel attribué dans les dividendes à chaque associé? Le *ren-dement* d'un champ ne ressemble pas à celui d'un champ voisin ; il y a des différences sensibles de fertilité d'une terre à une autre.

- » 6° Il y a des pays riches en engrais ; ici, comme dans l'industrie, les gros n'écraseront-ils pas les petits? De cette diversité de fécondité, naît une diversité de richesse, de revenus, de salaires ; la main-d'œuvre se porte où sont les plus gros bénéfices ; — plus d'équilibre dans le travail, — ici le vide, là le trop plein. — Il faudrait une solidarité d'un bout du territoire à l'autre, ce qui amène à l'accaparement par l'Etat du sol entier, chose gigantesque et périlleuse pour les institutions démocratiques, vous devinez pourquoi.

» 7° L'administration agricole suppose une caisse, la caisse un caissier. — Vous pouvez, au plus bas mot, pour les 18 ou 20 millions de propriétaires actuels, supposer 18 ou 20 mille caisses ; combien supposez-vous sur ce nombre de gestions fidèles? Combien de Lamirande?

» J'aimerais mieux que tout cela, la solidarité par les Sociétés d'assurance ; nous sommes, sous ce rapport, dans l'enfance. »

Voilà les objections. Analysons-les et recherchons la valeur intrinsèque de chacune d'elles.

Première objection. — Disons d'abord que chaque association agricole serait indépendante ; qu'elle n'aurait rien de commun avec toutes celles qui existeraient autour d'elle. Ajoutons encore que chacune aurait son administration propre, et que cette administration serait aussi simple que possible. Cela posé, on aperçoit bien vite qu'une armée de trois ou quatre cent mille surveillants n'aurait ici rien à faire. La surveillance, — car il en faut toujours une, — serait exercée à tous les degrés par le directeur même de la ferme. Ce directeur ou gérant aurait aussi, outre l'administration et la surveillance journalière de la Société, la conduite de l'exploitation elle-même, c'est-à-dire l'achat des instruments, la vente des denrées dans des conditions qui pourraient être précisées d'avance; il aurait encore la mission d'assurer le payement régulier de la prime journalière attribuée aux employés subalternes de la Société. Enfin, ce serait lui qui tiendrait la comptabilité; il rendrait annuellement un compte de gestion. Pour tout ce qui concerne les mille détails d'une exploitation rurale, ce directeur jouirait de toute la liberté nécessaire. Somme toute, ses attributions résumeraient le plus complétement possible les fonctions du fermier d'aujourd'hui. Mais, me dira-t-on, pour arriver à ce résultat, à quoi bon l'association? Autant vaut laisser les choses en l'état où elles sont. Point du tout. Est-ce que le fermier peut entreprendre ces dépenses si lourdes que nécessitent un matériel perfectionné, des amendements et des engrais abondants, ainsi que les travaux considérables qui suivent partout l'exploitation bien entendue d'une ferme? Il est arrêté bien souvent dans ses projets par la raison fort légitime de compromettre sa fortune et par la crainte de voir, un peu plus tard, un autre profiter du fruit de son travail et de ses dépenses.

Le propriétaire est arrêté de son côté, pour consentir des baux à longue échéance, par la prévision de voir augmenter le revenu de ses terres sans pouvoir en profiter.

Il résulte, de cet état de choses, un antagonisme d'intérêts des plus fâcheux pour toutes nos exploitations rurales. L'association n'aurait-elle pour effet que de détruire cette rivalité si nuisible que ce seul titre la rendrait déjà précieuse. Avec elle, le propriétaire et le fermier, ce dernier devenu simple gérant ou gérant associé, suivant les circonstances, pourront tout entreprendre sans avoir jamais à redouter·les éventualités que nous venons seulement d'entrevoir. Ils seront sûrs de tirer de leurs domaines son revenu vrai, et de conserver, pour chacun d'eux, les augmentations qui peuvent dépendre soit du hasard, soit de leurs sacrifices, soit enfin de leur vigilante habileté dans l'exploitation. — L'amélioration de la propriété, loin de les diviser, les intéressera tous également, c'est-à-dire dans la mesure exacte de leur mise de fonds. Un pareil résultat ne peut donc produire que des effets heureux pour tous.

Mais la fusion des parcelles aurait encore d'autres avantages non moins précieux. L'association donnerait mieux que l'affermage du sol deux autres importantes conditions de succès : elle assurerait à l'agriculture le concours du capital financier et du capital intellectuel.

En effet, l'argent ne pourrait manquer à une puissante société, tandis qu'il manque fort souvent à une foule de petits fermiers isolés et presque pauvres. Dans une société, pour avoir toujours les fonds nécessaires à une culture progressive, il suffirait de démontrer que leur emploi doit être productif. Croit-on qu'il en soit ainsi avec beaucoup de nos fermiers actuels? Beaucoup comprennent à merveille que l'argent leur manque et ce manque les oblige quelquefois à vendre dans de mauvaises conditions, ou à faire des emprunts onéreux; mais ils n'y peuvent rien.

Je crois n'avoir pas besoin d'insister pour démontrer que, grâce à l'association, la direction des fermes serait aussi plus habile, plus rationnelle, qu'elle ne l'est aujourd'hui. L'homme qui serait choisi pour occuper ce poste offrirait généralement, sinon toujours, les meilleures garanties quant au savoir et quant aux aptitudes. Un ignorant ne pourrait jamais briguer un pareil honneur.

Ce n'est pas tout encore. Le fait de la fusion des parcelles rendrait tous les jours le sol plus accessible à une culture améliorante. Les assolements progressifs remplaceraient la routine. Ainsi donc, cessation de la rivalité dans les intérêts du propriétaire et du fermier, disposition plus certaine de l'argent nécessaire aux succès, instruction professionnelle de l'exploitant plus complète et partant direction plus habile, introduction des assolements perfectionnés, disparition de la routine, tels sont les précieux avantages que nous voyons découler de l'établissement des sociétés agricoles par la fusion des parcelles.

Nous avons prouvé précédemment comment et pourquoi les ouvriers des champs seraient plus heureux. Il nous semble inutile de revenir sur ce point.

Quant à l'intérêt moins direct et plus négligé que le propriétaire apporterait dans l'association, parce qu'il n'y apparaîtrait que pour toucher un dividende, c'est là une assertion qui se réfute d'elle-même. Accepter cette objection, c'est se mettre en contradiction avec l'expérience journalière et avec l'évidence. Admettre une pareille prétention, autant vaut soutenir que les actionnaires des chemins de fer et de toutes les entreprises industrielles apportent une médiocre attention à leurs capitaux parce qu'ils ne sont qu'actionnaires. Est-ce qu'une action n'est point une propriété? Il est bien établi au contraire que, dans ces sociétés, tout s'y contrôle, tout s'y surveille minutieusement. Du moins, le contrôle y est assez grand, la surveillance assez active pour permettre non-seulement la réussite de ces entreprises, mais encore leur prospérité. En conséquence, cet argument ne saurait nous arrêter.

Deuxième objection. — Nous ne voyons ici que la reproduction en d'autres termes de ce que nous venons d'essayer de réfuter. Parce que l'initiative de chacun serait limitée, il ne faut pas conclure qu'elle serait nulle. Où irions-nous avec une pareille manière d'argumenter ? Il est incontestable que chaque associé aurait une part d'influence exactement proportionnelle à ses droits. Il nous est donc impossible.de voir pourquoi les plus riches propriétaires s'éloigneraient de l'association.

Mais j'admets cette hypothèse qu'un gérant et que des employés, même associés, seront plus tièdes envers les intérêts sociaux que les fermiers et les métayers de nos jours. Cette tiédeur sera facilement corrigée par la force de l'institution, par la solidarité qui résulte de l'association elle-même. Le pivot autour duquel tout gravite, c'est le directeur-gérant. Dire qu'il méconnaîtra ses devoirs nous paraît une proposition bien hasardée. Est-ce qu'on ne voit pas tous les jours, pour ne nous servir que de cet exemple, des chefs de gare défendre chaudement les intérêts des compagnies qu'ils représentent, absolument comme si ces intérêts étaient les leurs.

Et, c'est qu'en effet, ils le sont dans une certaine mesure. Il ne faut pas oublier que la société agricole a toujours un moyen d'action, un frein énergique en ses mains, par l'approbation qu'elle doit faire des comptes et de la conduite du gérant. A notre sens, c'est là une lourde responsabilité, et dans le poids même de cette responsabilité, nous voyons une garantie sérieuse de la bonne conduite des affaires sociales. Enfin, et pour tout dire, si une première gestion était reconnue mauvaise ou inhabile, quel obstacle y aurait-il à changer de voie? Si un premier choix n'avait pas répondu à l'attente générale, quelle difficulté y aurait-il à en faire un second meilleur?

Troisième objection. — Je conviens de suite d'une chose, c'est que cette objection est plus sérieuse que les précédentes. Elle est même la plus sérieuse de toutes. Sans aucun doute, les frais de première installation seraient considérables; cependant une difficulté de cette nature n'est pas insurmontable. Mon plus grand souci n'est point de manquer des bâtiments nécessaires; j'aurais plutôt la crainte de voir l'association en posséder trop. Avec de la bonne volonté, tous ces intérêts se concilieraient très vite. Pour en être convaincu, il suffit d'y réfléchir. Oui, il faut monter d'emblée de pareilles entreprises; oui encore, il faut éviter de les faire languir. Mais le crédit actuel, et surtout le crédit comme nous l'entendons, y suffirait bien certainement. Une nouveauté n'entre jamais partout simultanément; elle marche toujours par étape. Si l'association agricole entre dans la pratique, elle mettra un temps assez long à se généraliser.

Quatrième objection. — Dire que les produits seront trop abondants, qu'ils ne pourront s'écouler, c'est dire un non-sens économique. Nous ne nous y arrêtons pas. En parlant des voies de communication et des débouchés, nous avons fait tous nos efforts pour expliquer qu'une pareille éventualité est tout simplement impossible. Passons.

Cinquième objection. — Il n'y aurait pas une grande

difficulté à déterminer la part de revenu qui appartiendrait à chaque associé. C'est là l'opération la plus simple du monde. A cet effet, il suffit d'accepter une base. Peu importe celle dont on convient, le tout est d'en avoir une. Sur ce point encore, il n'y a point impossibilité de se mettre d'accord. Celle qui s'offre le plus naturellement à l'esprit, c'est celle de l'impôt. Mais nous ne tenons en aucune façon à celle-là de préférence à toute autre. On pourrait tout aussi bien faire faire une estimation amiable des propriétés par des sociétaires tirés au sort. Une ou plusieurs commissions ainsi nommées pourraient aisément se livrer à toutes les études préparatoires que comporte une semblable matière. Quoi de plus simple que d'en extraire ensuite un travail d'ensemble en prenant, pour base déterminante du revenu, la moyenne générale des valeurs assignées par les commissions nommées à cet effet. Il est toujours possible de s'entendre pour estimer des biens, surtout lorsque l'estimation ne doit entraîner ni vente ni dépossession.

Quant aux différences de valeur qui pourraient provenir de l'état de culture des parcelles par suite des engrais ou des amendements qu'on y aurait mis, la Société fixerait les justes indemnités qu'elle entend allouer, et les payerait à des échéances déterminées.

Ce ne sont là que des minces questions de détails.

Il est facile de voir aussi que les différences de fertilité des parcelles ne créeraient point un obstacle, puisque, ce que nous avons en vue, c'est la valeur même des terres, et qu'une terre quelle qu'elle soit a toujours une valeur.

Sixième objection. — Dans notre système, les gros n'écraseraient nullement les petits, puisque gros, et petits marcheraient de concert et auraient absolument la même allure. Les petits en s'unissant deviendraient gros et peut-être même les plus gros.

En ce qui touche la répartition de la main-d'œuvre, les associations n'apporteraient aucune difficulté nouvelle. Par l'emploi des machines quelques bras seraient inoccupés. Mais la répartition se ferait très vite, et, du reste, ne se plaint-on pas tous les jours que les bras manquent à l'agriculture ?

En ce qui concerne la répartition du travail, rien ne serait dérangé. Sa rémunération ne reconnaît d'autre loi que celle de l'offre et de la demande. La trop grande abondance de bras fera ici baisser les salaires; ailleurs la pénurie les fera hausser. Le défaut d'équilibre ne sera jamais que momentané, grâce à la liberté du travailleur de pouvoir vendre son travail le plus cher possible.

Ainsi donc, l'État resterait entièrement en dehors des sociétés agricoles, qui deviendront rapidement de puissantes individualités collectives, si toutefois je puis m'exprimer ainsi. En conséquence, je ne vois aucun péril pour les institutions démocratiques. Au contraire, rien ne les favoriserait davantage que le développement de ce sentiment, la solidarité générale.

Septième objection. — Sans doute l'administration d'une société agricole suppose une caisse, et, comme on me le dit fort judicieusement, la caisse, un caissier. Qui sera le caissier? Toujours notre gérant. Si l'exploitation est d'une importance telle qu'il ne puisse satisfaire à d'aussi nombreuses occupations ; à ses risques et périls, il se donnera un adjoint. Je le répète, je ne vois toujours que des associations isolées, indépendantes les unes à l'égard des autres, et je repousse cette généralisation qui se pose contre l'association agricole comme un épouvantail. — Mon gérant ou bien mon caissier, si vous voulez, sera fidèle. J'en ai pour garantie d'abord son honorabilité, et ensuite l'impossibilité où je le mettrai de tromper la société en enlevant la caisse. Avez-vous oublié que dans les *fromageries* du Jura, il y a, outre un compte général, autant de comptes particuliers que d'associés. C'est cette pratique que je compte bien introduire. Des à-compte partiels pourront être délivrés à chaque associé dans le courant d'un exercice, pourvu d'abord que ces à-compte forment toujours un total inférieur au dividende qui lui reviendra à la fin de l'exercice courant, et pourvu aussi que les ressources financières de la société le permettent. Il faudra toujours éviter que ces divers payements anticipés puissent nuire à la marche des affaires sociales. Croyez-vous alors que le caissier puisse ainsi remuer souvent des millions dans sa caisse, et croyez-vous aussi qu'à moins d'avoir fait tout à fait un choix malheureux, on puisse beaucoup craindre les Lamirande? Vous m'avez compris?

Je vous dirai encore en terminant que c'est à développer l'esprit de solidarité qu'il faut s'attacher. Là est l'avenir. Depuis assez longtemps l'esprit contraire, l'esprit destructeur de la rivalité se partage le monde.

Vous me parlez d'assurance à une grande compagnie. C'est vous qui me proposez les complications de toutes sortes, d'administration, de caisse, etc. Moi je simplifie au contraire de toutes mes forces. Avec votre ingénieuse combinaison, vous avez toujours cet esprit du passé, la rivalité des intérêts de même nature, intérêts que je veux identifier et confondre pour le bien général. Réfléchissez?

Après tout, mon système d'association est une véritable assurance, mais une assurance reposant sur des intérêts similaires. Les risques sont aussi de même nature et doivent être supportés par des gens également intéressés à les éloigner, par des gens qui se connaissent et peuvent par conséquent s'apprécier, s'estimer. Une société agricole organisée d'après le mode que nous avons exposé n'est donc autre chose, je le répète, qu'un contrat d'assurance établi entre le propriétaire, le fermier et même l'ouvrier pour supporter en commun les pertes comme les bénéfices, pertes et bénéfices qui, dans le système actuel de l'affermage, peuvent enrichir ou ruiner l'un ou l'autre suivant les caprices du hasard. Quand je dis que l'association est un contrat d'assurance mutuelle entre le propriétaire et le fermier, je devrais dire, pour être exact, que c'est un contrat entre une collection de propriétaires et de fermiers. L'important, c'est que tous courent des risques identiques, proportionnés seulement à leur mise de fonds, ou la quotité du capital engagé.

Somme toute, je veux faire marcher d'accord des gens qui me semblent faits pour s'entendre et qui ont des intérêts opposés seulement en apparence.

Je sais bien que la généralité de mes lecteurs m'accuseront de manquer d'esprit pratique, peut-être même m'appelleront-ils rêveur ou utopiste. Je n'en persiste pas moins dans mes convictions. Je crois les associations agricoles possibles, parce que je regarde l'avenir et non le passé.

Impossible, dira-t-on; mais qu'est-ce qui n'a pas été jugé tel, prouvé tel jusqu'à ce que le fait ait démenti tous les prophètes de l'impossibilité.

Ce mot n'a-t-il pas été appliqué à toutes les choses, à

tous les progrès. Il a enrayé quelquefois, mais il n'a jamais rien arrêté.

Pour ne pas sortir d'un ordre certain d'idées, est-ce que, dans le passé, on n'a pas déclaré impossible l'abolition de l'esclavage, et plus tard du servage ?

Impossible aussi l'abolition des priviléges, l'introduction de la justice dans la société ?

Impossible encore l'établissement des chemins de fer, des télégraphes ; la création, l'organisation des sociétés industrielles ?

Impossible enfin le libre-échange, l'abandon du système protectionniste ?

Et pourtant tout cela existe ou est bien près d'exister.

Que d'impossibilités ont donc été vaincues, grand Dieu ! Ayons donc bon espoir et ne désespérons de rien.

Un dernier mot en terminant.

Retenons bien que ce qui est vrai en théorie ne peut devenir faux dans la pratique ; la vérité est une et absolue.

Un principe ne serait plus un principe, c'est-à-dire une base *essentielle*, une vérité primordiale, un point de départ, si les applications diverses auxquelles il peut donner lieu devaient produire des résultats contradictoires.

Voulez-vous savoir à quoi vous en tenir sur la valeur d'une affirmation? Etendez-la du particulier au multiple; généralisez autant que possible ses applications, et si elle résiste à ce contrôle, vous pouvez dire en toute certitude qu'elle est *vraie*. C'est un mode de vérification infaillible qui s'applique aussi bien aux choses de l'agriculture qu'aux vérités de la philosophie.

Nous avons essayé de réfuter quelques-unes des objections bienveillantes qui nous ont été adressées. Elles sont assurément telles, puisqu'elles émanent d'un ami ;

devant elles, nos convictions sont restées entières. Nous ne pouvons deviner toutes celles qui peuvent surgir, soit aujourd'hui, soit demain. Malgré l'incrédulité et peut-être la critique qui nous attend, nous avons voulu exposer nos idées ; nous l'avons fait pour obéir à la conviction qui nous pénètre.

On nous accusera d'erreur ? Qu'importe ! Notre bonne intention sera notre excuse. En tout cas, si nous nous trompons, nous avons la consolation très grande assurément de nous trouver dans l'erreur en bonne compagnie.

Cela ressort des citations que nous avons faites.

Je suis, Monsieur le Rédacteur, etc.

Camp de Châlons, août 1866.

DIXIÈME LETTRE.

AVANTAGES MATÉRIELS ET MORAUX DE L'ASSOCIATION AGRICOLE.

RÉSUMÉ ET CONCLUSIONS.

> L'idée napoléonienne, c'est l'unité européenne : donc, c'est la transformation du vieux monde politique en nouveau monde économique ; c'est le *principe de la réciprocité substitué à l'ancien régime de la rivalité ;* c'est la fin des révolutions par la richesse des nations, d'ou découlera naturellement la réforme sociale par l'instruction nécessaire, l'épargne collective et le bien-être populaire sans lequel il n'y a de moralisation qu'à la surface.
>
> ....
> ....
>
> Le présent engendre l'avenir comme le présent a été engendré par le passé. Il n'y a qu'un moyen de s'occuper efficacement de l'avenir, c'est de s'occuper activement du présent.
>
> Emile de GIRARDIN.
>
> Tout par la science, rien par la violence.
>
> Emile de GIRARDIN.

Monsieur le Rédacteur,

En examinant comparativement la situation de l'agriculture française et celle de l'agriculture anglaise, nous avons essayé de démontrer que la supériorité de cette dernière résultait surtout de trois causes principales : l'existence de la grande culture, la possession du capital financier et du capital intellectuel. Nous avons cherché à établir en outre que l'action de ces causes était encore favorisée par un goût très prononcé chez toutes les classes de la nation anglaise pour tout ce qui se rattache aux grands intérêts de la vie rurale.

Plus tard, lorsque nous avons voulu mettre en évidence quelques vérités spéciales relatives à l'organisation du crédit, à l'association agricole, nous avons indiqué quels étaient, à nos yeux du moins, les meilleurs moyens de perfectionner l'agriculture nationale. Il ne nous reste donc plus, pour l'accomplissement de notre tâche, qu'à résumer à grands traits les principaux avantages matériels et moraux de ce qui constitue le moyen de perfectionnement par excellence, c'est-à-dire de l'association.

Répétons-le, la pierre angulaire de l'agriculture anglaise, ce qui assure le mieux sa prospérité, et même sa supériorité universelle, c'est la grande culture.

Et pourquoi l'assure-t-elle?

Parce que la grande culture est, comme la grande industrie, celle qui produit à meilleur marché. Et pourquoi produit-elle à meilleur marché? Parce que seule, ou à peu près seule, elle sait utiliser le travail mécanique, et que ce genre de travail est toujours le moins coûteux de tous. La grande culture peut donc mieux que toute autre abaisser le prix de ses produits, ou du moins trouver une rémunération suffisante là où la petite culture ne peut recueillir que des souffrances. Qui l'ignore? Abaisser le prix des choses, c'est tout à la fois favoriser la consommation et augmenter les débouchés, double condition qui permet de mieux rétribuer le travail et de maintenir, sinon d'élever, la rente du propriétaire. Toutes ces vérités nous paraissent de telle nature, nous semblent découler si naturellement les unes des autres qu'il est inutile d'insister davantage. Nous croyons que pour porter dans tous les esprits la conviction qui nous anime, il doit suffire de prouver que la grande culture est la moins coûteuse ou du moins que c'est elle qui économise le plus sur la main-d'œuvre.

Mais, avant de continuer notre argumentation, il est nécessaire peut-être de dire une fois pour toutes ce que nous entendons par ces mots : grande culture. Suivant nous, utiliser le travail des machines dans les limites du possible, perfectionner les assolements, s'inspirer, pour la production des denrées, des conditions économiques qui régissent la contrée, demander au sol, non les denrées qui se vendent le plus cher, mais bien celles qui rapportent le plus, et enfin, tenir une comptabilité simple, mais cependant suffisante pour connaître les bénéfices et les pertes de toutes les opérations agricoles, c'est faire de la culture à l'anglaise, c'est faire de la grande culture, quelle que soit du reste l'étendue du domaine en exploitation. En un mot, pour nous, la grande culture consiste plutôt dans une question de principe que dans le nombre des hectares de terre. Nous ajouterons encore que l'étendue du domaine peut rester sans influence sur le mode de culture. La preuve en est dans ce qui s'est passé en France avant 1789. Il existait alors dans notre pays bon nombre de châteaux entourés de vastes dépendances, et nous n'avions pas pour cela la grande culture. La raison en est facile à comprendre. A cette époque, tout manquait pour cela: la direction intelligente, les connaissances économiques, le secours des machines, le concours et les découvertes de la science. Mais aujourd'hui tout est changé : il ne manque plus véritablement qu'une chose pour avoir la culture perfectionnée, *c'est le champ d'application*. Impossible à cette époque malgré l'existence de propriétés immenses et admirablement disposées, elle doit naître aujourd'hui en dépit du morcellement du sol et des exploitations restreintes.

Revenons à notre sujet. Dire que, sans le secours des machines, les travaux agricoles sont plus coûteux et plus pénibles, est-ce là une affirmation de fantaisie dénuée de fondement?

C'est ce qu'il s'agit d'examiner. Passons en revue les plus usuelles et les plus importantes des opérations agricoles, et la solution que nous cherchons sera facile à trouver.

En effet, s'agit-il d'ensemencer la terre?

Il est clair que la peine qu'exige la conduite d'un semoir mécanique est loin d'être comparable à celle que demande l'ensemencement à la volée par exemple. Non-seulement un bon semoir simplifie la besogne, mais encore il économise la semence. Pour tout le monde, ces avantages sont incontestables.

S'agit-il d'assurer la rentrée des récoltes?

C'est encore la même chose, peut-être l'exemple est-il plus frappant. Avec une bonne faucheuse, un seul homme fait aisément le travail de quatre ou cinq. Hier encore, nous avons été émerveillé par ce résultat. En visitant les fermes impériales qui avoisinent le camp de Châlons, nous avons vu fonctionner avec la plus parfaite régularité une machine à faucher. Cette machine sortait des ateliers d'un fabricant de Saint-Quentin; son prix était inférieur à six cents francs. L'homme ou plutôt l'enfant qui la dirigeait exécutait avec deux petits chevaux une besogne qui n'aurait pu être accomplie par six ouvriers d'élite. En somme, tout l'attelage ne nécessitait pas une dépense de cinq francs par jour, et pourtant l'exécution du travail était irréprochable. Mais je me hâte d'arriver à la conclusion : ici l'économie n'est-elle pas évidente? Est-il possible à des hommes d'entrer en concurrence avec un pareil instrument? Interroger, c'est répondre. Le cultivateur qui employait cette faucheuse trouvait donc dans ce cas spécial une économie d'au moins cinq francs par jour. Mais ce qui était peut-être encore plus précieux, il était du même coup débarrassé du souci de manquer des bras nécessaires. En outre, il avait à exercer une surveillance moins active, moins étendue et par conséquent moins pénible. La préoccupation de trouver le personnel nécessaire avait disparu pour faire place à la certitude de pouvoir mettre en temps opportun ses récoltes en sécurité. Il pouvait désormais mieux choisir l'heure et le moment de la rentrée de ses fourrages. Il dominait sa situation grâce à une machine. Qui pourrait nier maintenant tous les avantages qui s'attachent à la possession d'un instrument perfectionné?

S'agit-il de battre la récolte?

Les mêmes difficultés et les mêmes avantages se représentent toujours. Le dépiquage et l'usage du fléau surtout exigent des efforts excessifs. Non-seulement le battage au fléau est pénible, mais encore il est plus coûteux. Avec une machine à battre, quelle simplification! Economie dans la main-d'œuvre, travail mieux et plus complétement exécuté, possibilité d'entreprendre toujours ce travail avec opportunité, tels sont de suite les principaux avantages offerts. Les opérations accessoires du vannage, du nettoyage, si longues et si difficiles avec les moyens d'autrefois, s'exécutent aujourd'hui avec la plus grande rapidité.

C'est donc une vérité absolue, — vérité qu'il faut

tenir pour démontrée, — que pour un prix déterminé
l'emploi des machines donne une plus grande somme
de travail. Il en est encore une autre, non moins importante peut-être, c'est que le travail mécanique est
moins pénible pour l'ouvrier. Assurément, ce n'est pas
là une considération secondaire. Qui oserait prétendre
qu'elle n'entre pas pour quelque chose dans les motifs
qui déterminent aujourd'hui les ouvriers à émigrer des
champs vers la ville? A la vérité, tout homme fuit le
travail répugnant, celui qui épuise trop rapidement ses
forces ou qui exige seulement de grandes dépenses musculaires. Une pareille résolution n'est-elle point sage et
raisonnable? Comme tout autre, l'ouvrier doit ménager
sa santé. Un labeur pénible exige naturellement un salaire élevé. Les anciens l'avaient bien compris : c'est
parce qu'ils désespéraient de pouvoir faire exécuter li-
brement certains travaux, ceux de la navigation entre
autres, qu'ils maintenaient l'esclavage. — Longtemps
les meilleurs esprits ont considéré cette odieuse institution comme une nécessité sociale. C'est donc une chose
éminemment utile que d'adoucir la rigueur de certains
travaux.

Malgré ce que nous venons de dire des avantages
qu'entraîne l'usage des machines, j'entrevois pourtant
quelques objections.

La première qui vient naturellement à l'esprit est
celle-ci : si le travail mécanique était étendu à toutes
les opérations agricoles, s'il était instantanément généralisé, un grand nombre de bras ne resteraient-ils
pas inoccupés?

Il faut le reconnaître, cette objection est assez sérieuse
pour mériter de nous arrêter quelques instants. Mais
lorsqu'un pareil travail s'opère dans le corps social, il

ne faut redouter que les mouvements brusques, les transitions violentes. A l'heure qu'il est, tout est prêt pour cette transformation.

En effet, n'entend-on pas chaque jour les agriculteurs se plaindre de la rareté des bras dans les campagnes? C'est là un indice révélateur qui démontre l'opportunité d'aviser. A cet inconvénient qui résulte de l'insuffisance des travailleurs, il faut opposer un remède. Eh bien, ce remède, on ne le trouvera que dans l'emploi de plus en plus général des machines, et pour que ce remède porte tous ses fruits, il faut arriver à la grande culture par l'association. L'indication est aujourd'hui si pressante que ce changement peut s'opérer sans occasionner la moindre souffrance à la population ouvrière.

Jusqu'ici on s'est contenté de se plaindre amèrement de la désertion des campagnes; on a été même jusqu'à accuser l'ouvrier d'ingratitude envers son clocher. Suivant nous, c'est un tort. Le paysan en quittant son village n'a fait qu'obéir strictement à la logique de sa situation. Ce qu'il a fait, il devait le faire, et si, dans le passé, sa conduite a été différente, c'est parce qu'il manquait des moyens nécessaires pour pouvoir rêver une position meilleure que celle qu'il avait. Mais poursuivons: Si la crainte de laisser un trop grand nombre de bras inoccupés pouvait nous arrêter, il faudrait désespérer du progrès. Car si, pour augmenter le travail, il fallait rejeter les machines, nous serions condamnés désormais à l'état stationnaire. Après avoir prohibé les machines, si le chômage venait à continuer, il faudrait, toujours pour la même raison, détruire les outils. Au fond, tout outil est une machine au premier degré. A vrai dire, la ligne de démarcation qui sépare l'outil de la machine est tout idéale, très difficile à saisir. A proprement parler, elle n'existe pas. Ce qui le prouve, c'est que les outils comme les machines diminuent la quotité de la main-d'œuvre. L'outil le plus primitif de nos jours révèle un grand progrès sur le passé; la plus simple charrue est un immense progrès sur la bêche. Prohiber les machines, mais où s'arrêterait-on dans cette voie rétrograde? Une pareille hypothèse est donc impossible. Mais ne le fût-elle pas d'ailleurs que le raisonnement démontre que la suppression des engins mécaniques aboutirait à une catastrophe pour la malheureuse nation qui ferait un semblable essai, ou qui seulement se laisserait trop distancer dans cette voie par ses voisins. Les autres peuples, pour asseoir plus solidement leur supériorité, utiliseraient bien vite ce qu'on aurait si sottement délaissé à côté d'eux. De cette émulation entre les nations naît le progrès universel.

L'histoire prouve qu'à toutes les époques ces transformations générales se sont toujours opérées avec une lenteur suffisante pour éviter les crises. Ainsi, les bras laissés sans emploi se reporteront ailleurs.

Ils deviendront ce que sont devenus les entrepreneurs de roulage depuis l'établissement des chemins de fer. Qu'on ne s'y trompe point: quand l'ouvrier des champs aura trouvé une rémunération équivalente à celle qu'il trouve dans les villes, que sa besogne sera adoucie, il ne désertera plus son village. C'est dans ces conditions seulement que l'agriculture trouvera les travailleurs qui lui sont nécessaires. Après tout, on comprend difficilement pourquoi le travailleur agricole serait plus maltraité que le travailleur des villes.

Pour que l'égalité s'établisse, il faut que l'agriculture perde entièrement son caractère empirique d'autrefois et qu'elle devienne en tout point une véritable industrie.

Toutes les raisons que nous venons d'énumérer détruisent donc la difficulté que nous avons prévue plus haut ; voyons maintenant si la dernière objection résiste davantage. Mais, nous dira-t-on encore, s'il est vrai que le travail des machines rend l'agriculture anglaise si prospère, pourquoi l'immense majorité du peuple anglais est-elle si malheureuse ? La grande culture chez nos voisins a donc été impuissante pour prévenir ces calamités dont l'écho parvient jusqu'à nous, peut-être même est-elle pour quelque chose dans les causes qui les produisent ? Connaissez-vous la détresse profonde qui se cache au fond de ces établissements connus de l'autre côté du détroit sous le nom de Wood-House ? — détresse épouvantable révélée tout récemment dans un de nos principaux organes de publicité ? Et si vous la connaissez, pouvez-vous l'avoir oubliée ? Est-ce un pareil état de choses que vous rêvez pour la France ?

Certes, à toutes ces questions, nous répondrons par une négation absolue. Loin de nous l'idée de vouloir importer dans notre pays l'organisation sociale des Anglais. Nous voulons savoir seulement à quelles causes tiennent les maux trop réels dont souffre la population anglaise. Ces maux, nous les attribuons à tout autre chose qu'à la grande culture et à l'emploi généralisé des machines. Ils nous paraissent provenir des restrictions apportées en Angleterre à la transmission de la propriété.

Suivant nous, ce qui paraît ressortir clairement des considérations précédentes, c'est la supériorité incontestable de la grande culture sur la petite culture. Nous croyons encore que cette supériorité résulte de la puissance des moyens de production utilisés par celle-là, de la qualité de ses produits, toutes conditions qui se traduisent infailliblement par un double résultat, l'abondance des denrées et l'abaissement de leur prix de revient. Mais, nous objectera-t-on, la grande culture n'existe pour ainsi dire qu'à l'état d'exception en France. Nous le savons bien : aussi, là est le mal, et le remède souverain se trouve dans l'association volontaire. Il est essentiel que l'agriculture appelle incessamment à son aide, comme l'ont fait l'industrie et le commerce, le concours de ce puissant moyen de transformation. Avec et par l'association, notre agriculture, servie par un sol et un climat admirables, parviendra vite à égaler sa rivale d'outre-Manche. Quand ce résultat sera obtenu, notre pays joindra à la plus haute prospérité agricole l'incomparable avantage d'une excellente répartition de la richesse. Les écrits des plus célèbres économistes, aussi bien que l'étude des faits, ne laissent aucun doute à cet égard.

Est-ce tout? Non. Le progrès appelle toujours le progrès : en servant l'agriculture, nous triompherons du même coup des plus sérieuses difficultés qui se soient opposées dans le passé et qui s'opposent encore dans le présent au perfectionnement de nos races d'animaux domestiques. Comment et pourquoi? Ce sont là des questions importantes que nous allons essayer d'examiner.

DE L'AMÉLIORATION DES ANIMAUX DOMESTIQUES.

Cet important problème de l'amélioration des espèces et des races est posé en France depuis plus d'un demi-siècle, sans avoir encore été résolu. Cependant, pour arriver à sa solution, on a tenté de nombreux efforts et dépensé des sommes considérables. Tout est resté infructueux. D'où cela provient-il? De ce qué l'on s'est complétement mépris sur la nature du problème; on a marché sans idée de suite, on a presque constamment méconnu l'influence considérable que les conditions de milieu exercent sur les animaux et sur les plantes. Il est certain que chez nous les praticiens obéissaient bien plus à leurs fantaisies propres ou aux caprices de la mode qu'aux déductions rigoureuses de la science. Aussi qu'est-il arrivé? Un grand gâchis dans les choses, comme fruit naturel du désordre dans les idées et dans les systèmes. Généralement les hommes appelés à décider sur ces questions se sont passionnés pour les reproducteurs étrangers sans se rendre compte de la diversité que la nature d'une part et l'agriculture de l'autre ont apportée dans les conditions d'existence. C'est ainsi que nous avons vu les chevaux anglais envahir exclusivement les écuries de nos riches amateurs, et les taureaux, les vaches suisses et de Durham peupler les étables où étaient auparavant nos races de Bazas, de Marmande et du Cotentin. Il est indiscutable que, dans ces différentes circonstances, nous avons presque toujours agi au détriment de nos intérêts. Nous avons opéré de trop nombreux mélanges entre nos races françaises et les races étrangères.

Voyons d'abord en quoi doit consister l'amélioration des animaux domestiques, puis nous rechercherons quels sont les meilleurs moyens pour parvenir à cette amélioration.

Au point de vue zootechnique, améliorer une race, c'est la rendre plus apte au service auquel on la destine. En conséquence, la perfection ne consiste point dans la recherche exclusive de certaines formes; elle se trouve principalement dans la possession d'aptitudes particu-

lières. Cette distinction est de la plus haute importance.
C'est pour l'avoir méconnue que de nombreux praticiens ont si longtemps erré. La beauté d'une race varie
donc suivant le genre de service que l'on doit en
exiger.

Pour parvenir à améliorer les espèces et les races domestiques, il faut encore étudier, avant toutes choses,
la situation agricole de la contrée où l'on se propose
d'opérer. La raison de cette nécessité est facile à saisir :
on peut, sans exagérer, comparer l'économie animale à
un édifice. Si, pour la construction d'un édifice, il faut
réunir deux choses essentielles, les matériaux et l'architecte; de même il faut, pour la production du bétail,
posséder, outre des connaissances scientifiques étendues, des denrées en quantité et en qualité suffisantes.
Ici, l'agronome représente l'architecte. Dans l'un comme
dans l'autre cas le savoir spécial, la qualité des matières
employées jouent le plus grand rôle, car la solidité de
l'ouvrage à construire serait évidemment compromise,
si l'une ou l'autre de ces deux conditions venait à
manquer.

Ceci posé, voyons quelle est, sur l'économie animale,
la part d'action de chacune de ces deux forces : l'influence des agents extérieurs et l'intervention de
l'homme.

Et d'abord qu'entend-on par agents extérieurs? On
entend désigner ainsi tout ce qui se rapporte aux conditions naturelles au milieu desquelles vivent les animaux domestiques, que ces conditions se rattachent au
climat, aux boissons, aux aliments, aux habitations,
peu importe. Les animaux aussi bien que les végétaux
puisent la matière qui les constitue dans le milieu qui les
environne. Pour ne parler que d'un seul, l'air atmosphé-

rique, nous dirons qu'il exerce une influence énorme
sur tous les êtres organisés. Il ne sert pas seulement à
l'entretien de la vie par le changement incessant qu'il
opère dans les poumons, il agit encore directement sur
les êtres animés en les baignant continuellement et en
s'emparant des matières excrémentitielles qui s'échap-
pent de leur tégument extérieur. En outre, il exerce une
pression salutaire pour le maintien de l'équilibre des
liquides circulatoires. L'air atmosphérique est donc un
modificateur de premier ordre, puisqu'il joue un rôle
important sur l'organisation, aussi bien par ses qualités
propres que par celles qui résultent de sa température
et de son degré d'hygrométricité. Ce sont ces diverses
propriétés de l'air qui déterminent la nature des climats;
dont nous croyons devoir rappeler les principaux effets
sur la matière organisée.

L'air d'une contrée est-il froid et sec? Alors il renferme sous un volume donné beaucoup de molécules.
En cet état il est pur, dense et excitant. Là où l'air possède de telles qualités, les plantes dont se nourrissent
les animaux sont fines, succulentes et nutritives. D'un
autre côté, il a pour effet sur l'économie animale de
diminuer les transpirations cutanée et pulmonaire. En
revanche, il active davantage les fonctions intérieures
telles que la digestion, les sécrétions et la nutrition. De
cet ensemble de circonstances naissent les formes
sèches, l'énergie musculaire, en un mot, tout ce qui
constitue le tempérament sanguin nerveux.

L'air est-il chaud et sec au contraire? Ses molécules
sont plus écartées les unes des autres, plus rares, et
sous un même volume, il devient moins pesant. Dans
ce cas, il est avide de vapeurs aqueuses qui viennent
incessamment s'interposer entre ses molécules. Les

plantes qui végètent dans un pareil milieu contiennent beaucoup de principes excitants et peu de principes aqueux. Chez les animaux, la transformation du sang veineux en sang artériel est moins active et moins complète; mais les transpirations cutanée et pulmonaire viennent heureusement suppléer à l'imperfection de l'hématose. Par cette extension de l'activité fonctionnelle, le liquide nourricier se trouve débarrassé de l'excès de ses principes séreux et débilitants. Il est ainsi rendu plus épais, plus excitant, et tous ces résultats se traduisent sur l'individu par l'exiguité de la taille, la sécheresse des formes, la rareté des tissus mous et le volume des tissus musculaires. On le voit, parfois des causes en apparence opposées produisent des résultats similaires.

Quand l'air est chaud et humide, son influence sur les végétaux et sur les animaux n'est pas moins digne d'attention.

Dans ces nouvelles conditions, il est moins excitant. Les plantes qui végètent sous son influence acquièrent un grand volume; elles sont poreuses, aqueuses et peu réparatrices. Quant aux effets qu'une pareille atmosphère doit produire sur l'économie animale, on les prévoit aisément. La chaleur dilate les tissus et laisse la respiration imparfaite. A leur tour les sécrétions cutanée et pulmonaire le sont également à cause de l'humidité. De cet état de choses, il résulte que le sang est peu excitant, faiblement réparateur. En conséquence, les tissus restent mous et volumineux, les vaisseaux et les ganglions lymphatiques acquièrent un développement énorme; les formes deviennent empâtées. Enfin, on a tout le cortége des caractères qui constituent le tempérament lymphatique.

Examinons maintenant ce qui se produit quand l'air est à la fois froid et humide. Tous les effets que nous venons d'énumérer sont plus accentués encore. Dans ce cas particulier la charpente osseuse elle-même se modifie; elle est moins dense et plus grossière. Les proportions se sont accrues.

Les animaux qui vivent dans un pareil milieu présentent des caractères tranchés. Ils se distinguent par la faiblesse et la lenteur des mouvements musculaires. De plus, ils sont exposés à toutes les affections qui reconnaissent pour principe la faiblesse et la débilité des organes.

Si nous examinons encore quels sont les effets des autres modificateurs physiques tels que les eaux, les aliments, le sol, nous verrons qu'ils exercent tous une puissance comparable, quant à son intensité, à celle due à l'air atmosphérique.

L'influence des localités mérite surtout de fixer l'attention. Pour le prouver, il suffit de rappeler les effets désastreux exercés sur les animaux et sur les plantes par les contrées marécageuses. Malgré un volume extraordinaire, tout, animaux et végétaux, y est faible et languissant. Les mêmes phénomènes se reproduisent à peu près, quoique avec des degrés différents, dans tous les endroits bas, saturés d'humidité, partout enfin où il y a stagnation de l'air et des eaux.

Toutefois cet état général des choses se modifie avantageusement dans les localités sèches et calcaires comme celles de la Champagne et du Berry par exemple. Dans ces endroits, les plantes deviennent à la fois plus nutritives et moins volumineuses. Cependant, il est remarquable que la charpente osseuse y prend toujours de l'extension en volume et en poids. Cet effet est dû, sans nul doute, à la forte proportion de sels calcaires contenus dans les végétaux, sels qu'ils ont eux-mêmes puisés dans le sol.

Observons maintenant ce qui se passe dans les plaines fertiles et relativement bien cultivées, comme celles de la Brie et de la Beauce. Si les phénomènes sont toujours identiques au fond, ils diffèrent sans aucun doute, quant à l'apparence. En effet, dans ces plaines dont nous parlons, où l'air est vif, le sol argilo-calcaire, les plantes se maintiennent dans un juste équilibre : la quantité de leurs principes nutritifs est proportionnée à leur volume. Chez les animaux, l'équilibre des fonctions vitales est également assuré. Grâce à toutes ces influences heureuses, les animaux présentent plus d'harmonie dans les proportions ; mais ce qui les caractérise surtout, c'est la vigueur musculaire et l'énergie dont ils sont doués. C'est que dans ces nouvelles conditions, tous les tissus se sont développés régulièrement ; l'organisme a parcouru, suivant l'ordre naturel, ses différentes périodes. C'est pourquoi tous les individus sont forts, robustes et vigoureux.

Tous ces faits démontrent surabondamment que le sol et le climat sont de puissants, de très puissants modificateurs. Rien n'échappe à leur action, les animaux y sont soumis comme les plantes ; l'homme lui-même ne s'y soustrait pas entièrement. Jusqu'ici, on n'a pas tenu assez compte de ces influences naturelles, et beaucoup d'agriculteurs doivent à cette négligence une bonne partie de leurs mécomptes dans les essais d'amélioration qu'ils ont tentés.

Les végétaux, par cela même qu'ils sont fixés au sol, sont absolument ce que le sol et le climat veulent qu'ils soient. Ils communiquent ensuite aux animaux, auxquels ils sont destinés, des qualités ou des défauts. Sous la forme alimentaire, les plantes jouent un rôle dont chacun apprécie l'importance. En effet, personne n'ignore que c'est l'aliment qui donne au sang tous les principes nécessaires à sa constitution, et que le sang fournit à son tour à l'édifice animal tous les matériaux indispensables à son entretien. Les aliments doivent donc, pour assurer les qualités nécessaires au liquide nourricier, être exempts d'altération et contenir, dans des proportions pour ainsi dire déterminées, tous les éléments qui entrent dans la composition de l'organisme. Il est clair aussi que les conditions de l'existence ne sont nulle part absolument semblables; qu'elles varient à l'infini suivant les lieux et même suivant les temps.

Personne n'a mieux mis cette vérité en évidence que le célèbre Cuvier. A ce sujet, voici comment il s'exprimait : « Cette étonnante variété de plantes et d'animaux qui revêtent et qui animent la surface du globe n'est pas composée d'un nombre d'éléments aussi considérable qu'on pourrait l'imaginer. L'analyse chimique réduit presque toutes leurs parties en quelques substances combustibles, la plupart volatiles. Un peu de charbon, d'azote, d'hydrogène, combinés en diverses proportions, soit entre eux, soit avec l'oxygène, voilà, avec un peu de terre, ce qui fait la matière de ces êtres si admirables et si diversifiés.

» *Ces éléments leur viennent du sol et de l'atmosphère :* les plantes les tirent de l'un par leurs racines, de l'autre par leurs feuilles ; les animaux les *reçoivent* déjà élaborés par les plantes, et, selon que la multiplication de ces deux règnes est plus ou moins active, la masse des éléments combinés est plus ou moins forte proportionnellement à celle des éléments libres; et cette proportion peut varier à l'infini, depuis les immenses plaines sablonneuses de l'Afrique et de l'Arabie, où jamais l'œil du voyageur ne se repose sur la moindre verdure, jusqu'à ces vallées plantureuses de nos climats tempérés, où d'épaisses forêts, de gros pâturages, de nombreux troupeaux, des guérets surchargés de récoltes, attestent l'influence bienfaisante d'un travail opiniâtre et sagement dirigé. »

Partout cet accord entre l'effet et la cause qui le produit est incontestable. Il n'est pas jusqu'à la science géologique·qui ne vienne confirmer cette manière de voir. En fouillant les entrailles de la terre, les géologues ont découvert plusieurs mondes de végétaux et d'animaux tout à fait dissemblables de ceux que nous voyons aujourd'hui. Cette dissèmblance provient évidemment de la différence profonde qui existe entre l'époque de leur existence et la nôtre. Ceci ne fait doute pour personne.

Ainsi donc, à moins que l'homme ne se mette en lutte permanente avec ce que nous appelons influences naturelles, chaque époque, chaque localité grave sur les animaux et jusque sur l'homme de telles empreintes qu'il devient facile de remonter à la connaissance de la localité par celle de l'animal qui en provient, et, réciproquement, de déduire de l'inspection d'une localité les caractères que prendront les animaux qu'elle verra naître et se développer. D'où nous concluons que les agents extérieurs exercent sur tous les êtres organisés une puissance de premier ordre, primant toutes les autres, même celle de la génération. En un mot, c'est une force permanente qui ne saurait être neutralisée que sur un champ restreint et par des efforts é͏r lement permanents. Sans le concours de cette influence naturelle, bien dés choses resteraient obscures.

En effet, sans elle, il serait difficile d'expliquer pourquoi le cheval arabe, si parfait de formes, jouit, malgré son petit volume, d'une si grande force et d'une si grande agilité.

Il serait difficile d'expliquer encore pourquoi le cheval des bords du Rhin ressemble si peu au premier, et dans les autres espèces, pourquoi la vache bretonne diffère autant de la vache hollandaise ; pourquoi le mouton solognot est si chétif comparé au métis beauceron ; pourquoi enfin le lièvre de nos plaines est si différent du lièvre de nos montagnes. L'influence des agents extérieurs admise, toutes ces questions sont résolues comme par enchantement.

Appliquée à l'espèce humaine, l'influence des lieux suffit à nous faire comprendre pour quelle raison l'Espagnol diffère du Français, pour quelle raison le Français du Midi est plus vif, plus prompt, plus pétulant que le Français du Nord.

Il y a un enseignement à tirer de tout ceci : C'est que, si on se propose le perfectionnement des races animales, la première précaution à prendre doit avoir pour but d'augmenter la quantité comme la qualité des aliments dont on dispose. La multiplication des végétaux utiles, si importante qu'elle soit quand il s'agit d'améliorer les races, n'est cependant pas la seule chose à examiner. Il est encore un autre point qui mérite de fixer notre attention ; ce point est relatif à l'intervention de l'homme dans la génération des animaux.

Voyons donc en quoi consiste cette action et comment elle s'exerce ?

Les générateurs donnent à la matière qui se détache

de leur propre substance non-seulement la force en vertu de laquelle le nouvel être se constitue, mais encore ils communiquent à ce dernier la propriété de puiser dans le milieu qui l'environne, de s'assimiler les éléments qui lui conviennent et de les coordonner suivant un ordre régulier. L'acte de la génération ne s'exécute pas toujours de la même manière. Avant de faire connaître en détail les particularités qui distinguent ses différents modes, il nous paraît utile d'entrer dans quelques considérations préliminaires. .

C'est un fait d'observation presque journalière que la génération est le point de départ de diverses qualités ou de divers défauts. Cette faculté de transmission s'appelle hérédité. L'hérédité est encore environnée de bien des mystères. On ignore quelle est la part proportionnelle qui revient dans cet acte à chacun des deux procréateurs; on ne sait pas plus suivant quel mode ils interviennent, que l'on ne sait leur degré d'influence sur les qualités ultérieures du produit. Pourtant la solution de ces importants problèmes recevrait bien vite des applications pratiques d'un grand intérêt. Car, suivant les circonstances et les lieux, l'intérêt du producteur peut être de produire plutôt tel sexe que tel autre. Ici, pour une espèce donnée, c'est le prix des mâles qui est supérieur à celui des femelles ; ailleurs, c'est l'inverse qui a lieu.

Si, comme on le prétend, l'hérédité est impuissante à opérer la transformation des races communes, elle constitue du moins un très précieux auxiliaire pour conserver et pour propager certaines qualités ou certaines aptitudes.

La génération prend un nom différent suivant que les reproducteurs appartiennent à la même race ou sont de race différente, suivant que, étant de la même race, ils sont ou ne sont pas de la même famille. Ceci nous amène à donner quelques appréciations sommaires sur chacun de ces procédés de reproduction, procédés connus sous les noms de sélection, de consanguinité et de croisement.

La sélection consiste à perpétuer une race par l'emploi de reproducteurs choisis dans la race elle-même.

Les caractères distinctifs d'une race, si importants qu'ils soient, au point de vue du naturaliste, sont, il faut le dire, chose fort secondaire pour l'agronome. Ce que ce dernier considère avant tout, c'est la somme de profits nets qu'une race peut donner. La plus parfaite à ses yeux est donc celle qui, pour une dépense donnée, procure les plus gros bénéfices, quels que soient, du reste, les caractères zoologiques qui la distinguent. On ne saurait nier que cette manière de voir soit rationnelle.

Une race n'étant qu'une collection d'individus marqués de la même empreinte générale, il est évident qu'améliorer les individus destinés à servir de reproducteurs, c'est perfectionner la race elle-même. Cela est incontestable, à moins qu'on ne veuille entrer dans des distinctions aussi subtiles que celles qui divisèrent les scholastiques du moyen âge.

Mais revenons à la sélection. On ne saurait mettre en doute la valeur de ce mode de génération pour obtenir la conservation et même l'amélioration des races; cependant on lui adresse un reproche mérité, c'est la lenteur de ses résultats. Pour porter à son plus haut degré de puissance la force héréditaire, il faut recourir à la consanguinité.

Qu'est-ce que la consanguinité?

Il y a consanguinité toutes les fois qu'on fait reproduire entre eux les individus d'une même famille. Dans ce cas, comme pour la sélection, l'hérédité de la race, force connue sous le nom d'atavisme, vient joindre ses effets à l'hérédité individuelle. On entend donc par atavisme, l'hérédité collective d'une série de générations. Si, dans certains cas, l'atavisme a fait éprouver des déceptions, dans d'autres, au contraire, il a rendu d'importants services à ceux qui se sont rendus compte de son action et qui ont su se servir de sa puissance avec discernement. La consanguinité et la sélection procèdent du même principe ; elles ne diffèrent que par leur intensité d'action. Leur puissance est immense. Les perfectionnements obtenus par Backewell et Colling reconnaissent pour cause l'emploi combiné et raisonné de ces deux modes de génération, modes favorisés surtout par une prospérité agricole complète.

On a attribué aussi à la consanguinité bien des méfaits. Cette croyance à l'influence malsaine de la génération consanguine remonte à la plus haute antiquité. Elle compte encore aujourd'hui quelques partisans, mais le nombre en décroît tous les jours. M. Sanson, rédacteur en chef du journal *La Culture*, a porté à cette opinion un coup dont elle ne se relèvera jamais. Avant la discussion soutenue avec éclat par cet écrivain devant l'Académie des sciences, il était de notoriété dans le monde savant d'admettre comme un fait hors de doute l'influence malfaisante de la consanguinité. C'était pour nos sommités médicales elles-mêmes une sorte d'axiome. M. Sanson a eu l'honneur de ruiner cette doctrine par des arguments sans réplique. Il a fait la lumière sur cette importante question. Nous savons que ce n'est pas le seul titre scientifique de cet honorable écrivain ; mais n'aurait-il que celui-là, qu'à nos yeux, il suffirait pour lui assurer désormais une place considérable dans le monde savant. Plus une erreur est vieille, plus elle est fâcheuse pour le progrès, et plus il y a de mérite à la déraciner. Pour détruire celle dont nous parlons, il a suffi à M. Sanson d'interpréter logiquement les procédés suivis par les célèbres agronomes anglais, Colling et Backewell, et de formuler les véritables lois qui s'en dégagent. Des exemples de cette sorte ne sont pas rares dans les annales de la science. On connaissait le fait de la chute des corps avant de comprendre la pesanteur et ses lois; on connaissait la transformation du sang veineux en sang artériel dans l'organe pulmonaire avant de concevoir par quel mécanisme cette transformation s'opérait. Mais quels sont les reproches autrefois adressès à la consanguinité et dont M. Sanson a fait si prompte et si complète justice? Ces reproches consistaient à dire que la consanguinité portait atteinte à la fécondité, affaiblissait la constitution; qu'elle faisait naître la scrofule, le rachitisme, l'albumine, les cachexies, etc...; qu'elle donnait naissance aux anomalies. Avons-nous besoin de le dire, la consanguinité est par elle-même fort innocente de tous ces maux, cela est démontré jusqu'à l'évidence dans les ouvrages de M. Sanson, et nous y renvoyons les personnes désireuses de s'édifier complétement sur cette importante question.

On a encore reproché à la consanguinité de donner naissance à des intelligences faibles, à l'imbécillité, etc. Ces nouvelles accusations ne résistent pas mieux à l'examen que les premières. Il est impossible, à moins de méconnaître les plus clairs enseignements de l'observation, de persister à attribuer à la consanguinité le rôle défavorable qu'on lui a si faussement attribué jusqu'ici. Elle est, au contraire, la plus précieuse ressource pour transmettre sûrement les qualités héréditaires ou acquises qui distinguent les individus d'une race.

Un autre mode de génération fort connu et qui a joui d'une longue vogue, c'est le croisement. Il consiste à faire reproduire deux sujets appartenant à des races différentes. C'est donc une opération très simple, au moins en apparence ; mais l'apparence ne fait pas toujours la réalité. Le croisement a été préconisé autrefois comme une panacée universelle pour l'amélioration des races. On tend à revenir aujourd'hui de cette erreur. Il ne faut point l'oublier, les races se perpétuent non-seulement en vertu de la persistance des forces qui les ont engendrées, mais encore par l'influence d'une autre force, l'atavisme. Les premières résultent des conditions naturelles, tandis que la seconde provient de l'hérédité en quelque sorte concentrée par les siècles. L'une et l'autre de ces deux grandes puissances se réunissent et se confondent pour faire obstacle à l'action de la race améliaratrice. Dans tout croisement, il existe un antagonisme constant entre ces deux grandes forces, d'une part, et celle due aux reproducteurs étrangers, d'autre part. Là est, en grande partie, l'explication naturelle des mécomptes qu'ont éprouvés ceux qui s'occupent des problèmes agronomiques sans y avoir été suffisamment préparés par un examen approfondi des choses. Dans l'opération du croisement, le praticien a donc toujours à lutter contre plusieurs difficultés qui résistent à ses efforts : la première, c'est l'atavisme qui tend à perpétuer la race locale, la race qu'il désire améliorer ; la seconde, c'est

celle qui résulte des influences naturelles de la contrée.
Cette dernière difficulté sera neutralisée d'autant plus
difficilement qu'il y aura un plus grand écart entre les
conditions d'existence de la race améliorante et celles
de la contrée où on veut l'acclimater. Quant à l'atavisme, ne perdons jamais de vue qu'il exerce son action
aussi bien au profit des défauts qu'au profit des qualités de la race.

Quelle est la valeur pratique du croisement? A vrai
dire, ses inconvénients l'emportent sur ses avantages.

En effet, on est généralement d'accord aujourd'hui
pour reconnaître que le croisement est impuissant pour
produire une race intermédiaire entre les deux races
croisantes. Tout au plus suffit-il pour fixer ou développer
certaines aptitudes. On a pourtant cru le contraire pendant longtemps, et nous n'exagérons rien en disant que
c'est cette croyance qui a, pour ainsi dire, fait seule
pendant de longues années la fortune de ce mode de
reproduction. Il paraît que, jusqu'ici, les métis n'ont
point offert ni l'unité, ni la fixité de caractères nécessaires pour résoudre affirmativement l'importante question de la création des races. Peut-être le temps
manque-t-il encore pour une pareille solution.

Quelques personnes ne se contentent pas de méconnaître le pouvoir créateur du croisement. Elles vont
même jusqu'à prétendre qu'il n'existe aucune race de
création récente. Au dire de ces personnes, les races
anglaises, malgré leur supériorité incontestable depuis
les Backewell et les Colling, existaient avec tous leurs
caractères typiques bien avant d'acquérir la notoriété
dont elles jouissent de nos jours. De sorte que ces célèbres agronomes ont bien plutôt perfectionné des aptitudes et étendu la réputation de leurs animaux que

créé de véritables races. Nous n'avons point l'autorité et la compétence voulues pour trancher une semblable question. Cependant il nous semble qu'avec cette manière de raisonner on pourrait aller fort loin. Car, nous voudrions savoir aussi si les Dishley et les races courtes-cornes existaient en Angleterre au temps de Guillaume-le-Conquérant. Quoi qu'il en soit de cette question de l'origine et de la fixité des races, tenons pour certain que les améliorations agricoles, la sélection et la consanguinité sagement combinées se traduisent partout et toujours par le perfectionnement des animaux domestiques. Les exemples qui le prouvent ne sont pas rares. Les mérinos français valent certainement mieux que leurs ancêtres d'Espagne ; pour le volume comme pour le poids, il y a entre eux une différence considérable:

Les métis ou produits du croisement présentent rarement des caractères tout à fait intermédiaires entre ceux appartenant aux deux races qui ont servi à les former ; et quand ils les présentent, ils ne possèdent jamais la faculté de les transmettre indéfiniment par la génération. Mais, si on ne saurait obtenir du croisement la création d'une race, il est certain que le croisement suffit généralement pour communiquer aux 'métis certaines qualités propres de leurs ascendants. Ainsi, on peut transmettre certaines aptitudes particulières, comme la précocité par exemple. Ces qualités une fois transmises, on les fixe, on les généralise ensuite par la consanguinité. — Chacun de ces trois grands moyens de reproduction, la sélection, la consanguinité et le croisement a donc ses avantages particuliers. L'essentiel est de savoir en faire une application judicieuse. Mais il ne faut jamais négliger de combiner leurs effets avec l'usage des procédés de gymnastique fonctionnelle, procédés si bien compris et poussés à un si haut degré de perfection de l'autre côté du détroit ; il ne faut point négliger non plus l'étude des ressources et des exigences du domaine sur lequel on opère.

L'homme ne modifie pas seulement la substance animale par la génération, il la modifie encore par l'usage qu'il en fait et la manière de l'approprier à ses besoins. Sans aucun doute, la nature des services que l'homme demande aux expèces qui lui sont soumises exerce la plus grande influence sur la beauté des formes et la force de résistance des individus.

Somme toute, la substance animale est sans cesse impressionnée, modifiée par une foule de causes fort différentes les unes des autres, mais qui peuvent toutes se résumer à trois principales : les agents extérieurs, la génération et le genre de service que l'homme exige des animaux.

Quels enseignements peut-on tirer de ce qui précède ?

Des considérations qui viennent d'être exposées, nous croyons pouvoir tirer cette conclusion : que des choses en apparence fort diverses sont réglées par des lois identiques au fond. En effet, l'industrie spéciale de la production des animaux, la zootechnie enfin, pour être prospère, procède du grand principe de la division du travail, principe déjà si fécond en applications utiles pour l'agriculture et l'industrie proprement dite. Seulement il y a changement de nom : la division du travail s'appelle ici la spécialisation des fonctions. Nos voisins, les Anglais, grâce à l'esprit positif qui les distingue, ont bientôt vu que les animaux domestiques ne sont point autre chose que des machines destinées à un travail spécial, et soumises, comme telles, à toutes les lois mécaniques qui régissent la construction et le fonctionnement des machines inertes. Une fois ce point de départ admis, ils ont été naturellement conduits à reconnaître que les mieux appropriées au but à remplir sont celles qui, avec moins de frais d'entretien, donnent la plus grande somme de travail, et conséquemment aussi les gros bénéfices. Au point de vue économique, l'amélioration des races consiste plutôt dans le développement des aptitudes que dans la perfection des formes. Cependant, si le grand principe de la division du travail, devenu dans l'industrie zootechnique la spécialisation des fonctions, est à la fois simple et fécond en résultats utiles, nous devons dire qu'il trouve sa limite naturelle dans la fragilité des objets auxquels il s'applique. Expliquons notre pensée. Chacun sait que l'exercice est toujours éminemment favorable au développement d'un organe ou d'une fonction. On peut dire que plus un organe s'exerce, plus sa capacité fonctionnelle se développe. Si les différents appareils organiques de l'économie sont également exercés, qu'arrive-t-il ? Il en résulte ce que l'on appelle *l'équilibre* des fonctions. Mais si, au contraire, les appareils organiques sont inégalement exercés, l'équilibre n'existe plus ; il disparaît pour faire place à l'instabilité. Rompu au profit de l'organe ou de la fonction la plus exercée, les autres organes peuvent se détériorer promptement et la santé peut ainsi faire place à la maladie. De là une loi nouvelle dite du balancement organique, qui limite, pour ainsi dire, la première, celle de la spécialisation des fonctions. Partant de ces principes, les agronomes anglais ont essayé de déterminer quelle est la somme d'aliments nécessaires à l'entretien des machines vivantes pour un poids donné, ce à quoi ils ont parfaitement réussi. La quantité d'aliments nécessaires à l'entretien étant invariable, il est évident qu'augmenter la consommation, c'est augmenter la production dans une proportion correspondante. Beaucoup consommer pour beaucoup produire, telle est la base de toute amélioration pour les animaux de rente. Pour toutes les races et pour toutes les espèces, le fond du problème reste le même ; il n'y a que les termes de la question qui soient susceptibles de varier. Citons des exemples. Les races destinées à la boucherie sont réputées parfaites lorsqu'elles consomment la plus grande somme d'aliments possible. Pourquoi ? Parce que les frais d'entretien restant les mêmes ou à peu près, il est clair que celles qui consomment le plus sont aussi celles qui fabriquent en un temps donné la plus grande quantité de viande. Et de la sorte, l'on économise un certain nombre de rations d'entretien, rations que l'on pourra ensuite convertir en rations de production. L'aliment n'est donc qu'une sorte de matière première susceptible de se transformer en produits variés, soit en viande, soit en lait, soit en laine, etc. En aucun cas, l'aliment ne saurait se changer en plusieurs produits à la fois. C'est pourquoi il est avantageux d'opérer la transformation dans un organisme aussi perfectionné que possible, la lenteur de l'opération devant toujours se traduire par une perte sèche de matière première. Le principe économique posé, voyons comment ont opéré les Anglais ?

Les Anglais ne se sont point contentés de découvrir et de formuler le véritable principe qui domine la production et l'entretien des animaux de rente, ils ont encore su en faire l'application la plus judicieuse en appropriant les espèces et les races aux exigences de leur pays.

Voyons pour le cheval d'abord ?

Les services qu'on exige de cet animal étant multiples, il est évident que les procédés de perfectionnement le seront aussi. Veut-on obtenir une grande énergie associée à une grande puissance musculaire ? Il faut combiner les meilleures données de la mécanique avec les connaissances physiologiques ; il faut allier la capacité de la poitrine avec la longueur des rayons osseux qui favorisent le plus la puissance des muscles ; il faut développer, exalter même le système nerveux. Enfin, il faut achever l'œuvre en éliminant de l'organisme tous les matériaux inutiles et susceptibles, en le surchargeant inutilement, de nuire à la vitesse de la machine. Toutes ces pratiques se résument en un mot, *l'entraînement*. Or, c'est précisément ce qu'ont fait les Anglais. Leurs chevaux de course sont assurément la plus haute expression de l'art et les mieux préparés aux victoires de l'hippodrome. Ils démontrent, on ne peut mieux, tout ce que peut la volonté de l'homme sur la matière organisée.

S'agit-il du cheval de trait ? Les Anglais n'ont pas montré moins de sagacité et de discernement. Ils ont toujours cherché la vigueur musculaire, mais ils l'ont associée à la masse, parce que le poids, dans ce cas spécial, vient en aide à la force et favorise le déplacement des obstacles. Voilà ce qu'ils ont fait pour les animaux de travail, voyons maintenant de quelle manière ils ont résolu le problème en ce qui concerne les animaux de rente ?

Toujours guidés par les vrais principes, favorisés en outre par une culture perfectionnée, les Anglais ont compris qu'il y avait incompatibilité absolue entre le rendement en travail et le rendement en lait, viande, etc. Dès lors, ils n'ont jamais demandé à leurs animaux que des produits similaires, non pas simultanément, mais successivement. Ainsi l'aptitude à donner du lait et du beurre n'exclut pas l'aptitude à l'engraissement. Ces deux aptitudes s'allient même très bien ; elles se révèlent par des caractères communs. La vache qui a donné du lait pendant une partie de sa vie peut encore fournir une viande de qualité passable vers la fin de son existence. Voilà pour l'espèce bovine.

Examinons maintenant ce qui a été fait pour l'espèce ovine.

Cette espèce a aussi une double aptitude à cultiver : elle donne de la laine et de la viande. Le climat des îles britanniques étant peu favorable à la beauté des toisons, nos voisins tentèrent quelques efforts pour triompher de cette difficulté naturelle. Mais ils reconnurent bien vite qu'il leur était infiniment plus avantageux de produire la denrée alimentaire que la matière destinée à alimenter leur industrie. La viande est un produit qu'on ne saurait aller chercher au loin, tandis qu'il en est tout autrement pour la laine. En outre, la nature du climat oblige les Anglais à consommer beaucoup de nourriture, et, pour cette raison, la viande sera toujours un produit fort demandé en Angleterre. Pour approvisionner leurs fabriques, ils ont visité tous les pays éloignés, tous ceux où domine encore la culture pastorale. Dans ces endroits, on entretient de nombreux troupeaux en vue de produire exclusivement de la laine. Secondés par une puissante marine, ils ont ainsi pu assurer tous leurs besoins. La navigation à vapeur est encore venue favoriser ces combinaisons, en assurant à la fois la rapidité et le bon marché des transports, deux conditions toujours précieuses pour les transactions en général.

Enfin, pour l'espèce porcine, le problème s'est trouvé réduit à sa plus simple expression. Il ne s'agissait que de développer sa double aptitude à la précocité et à l'engraissement en vue de la production de la viande.

Deux choses sont donc nécessaires pour assurer la prospérité de l'industrie zootechnique : une culture progressive et la spécialisation des fonctions, forme nouvelle de la division du travail.

Nous ajouterons encore que si, pour le perfectionnement de leur bétail, les Anglais ont si bien réussi, cela tient à ce qu'ils n'ont pas été à chaque instant entravés, comme les agronomes français, par l'état de leur culture, des débouchés, des voies de communication, par tout ce qu'on est convenu d'appeler, enfin, les harmonies économiques. Peut-être que, malgré leur ténacité, ils eussent échoué dans leur entreprise, s'ils n'avaient eu préalablement à leur disposition tous les éléments qu'engendre une culture avancée. Ce qui permet une pareille supposition, c'est que ceux de nos voisins qui ont voulu de prime-saut améliorer les races françaises d'après les errements en honneur dans leur pays ont éprouvé, chez nous, bien des échecs et bien des mécomptes, et cela, malgré l'habileté et les connaissances spéciales qu'ils possédaient. Tous leurs efforts sont restés infructueux, parce qu'ils sont venus se briser contre une situation économique arriérée, trop mal préparée encore pour le but qu'ils poursuivaient. Ils manquaient de point d'appui ; ils luttaient contre les influences naturelles, et cette lutte devait nécessairement leur être funeste, parce que la nature a ses lois et qu'elle n'abandonne jamais ses droits. C'est tout au plus si l'art, aidé par des sacrifices incessants, peut la violenter dans quelques circonstances, mais c'est toujours dans des limites restreintes et avec des frais hors de proportion eu égard aux résultats à obtenir.

Si maintenant nous résumons les quelques considérations qui ont trait à l'amélioration des animaux domestiques, nous dirons que, pour conduire avec succès une entreprise de ce genre, il est indispensable de s'inspirer avant tout de la situation économique du pays où l'on établit ses opérations. C'est là une vérité fondamentale régnant souverainement sur toutes les théories, et en dehors de laquelle on est fatalement conduit à l'insuccès. Ceci nous explique pourquoi les Anglais ont si bien réussi chez eux et si complétement échoué en France. Dans leur patrie, tout était préparé pour le succès, grâce à leur état de culture; dès lors, ils devaient infailliblement réussir dans le perfectionnement de leurs animaux. Ce résultat était dans la nature des choses; peut-être se serait-il produit même sans le concours des hommes de génie qui y ont contribué. Ce n'était qu'une simple question de temps. Les Backewell et les Colling n'en ont pas moins rendu, pour cela, d'importants services; ils ont abrégé la durée des essais et des tâtonnements, et ce n'est pas là un petit mérite. En France, au contraire, les opérations agronomiques, quoiques copiées sur les modèles de l'Angleterre et pour cela peut-être, devaient inévitablement échouer parce qu'elles n'avaient pour base qu'une culture imparfaite et parce qu'elles ne reposaient que sur des idées fantaisistes.

Les faits que nous venons de rapporter tendent donc à prouver que le progrès agricole conduit sûrement au perfectionnement des races d'animaux domestiques.

Mais, si grands que soient leš avantages matériels de l'association, ils ne sont cependant pas uniques. A côté d'eux il en existe d'autres qui les priment, parce qu'ils sont d'un ordre plus élevé : ce sont les avantages moraux. Nous devons en dire quelques mots. Si la pratique de l'association venait à se généraliser, est-il téméraire d'affirmer que le salarié d'hier, le serf d'autrefois, devenu l'associé d'aujourd'hui, et comme tel ayant acquis une situation moins précaire, mieux assurée contre les éventualités de toutes sortes auxquelles il était jadis exposé, est-il téméraire d'affirmer, dis-je, que cet homme, ainsi transformé, contractera bientôt ce goût de la prévoyance si naturel à tous les individus? Est-ce qu'il est déraisonnable de prétendre que ce déshérité, cet insouciant de la veille sera l'homme rangé et laborieux du lendemain?

Le sentiment de la dignité humaine retrouvée a seul la puissance de produire de ces miracles.

Toutes ces précieuses qualités morales dont on entend tous les jours regretter l'absence chez un trop grand nombre d'ouvriers de nos jours sont contenues en germe dans chacune des mesures susceptibles de contribuer à l'amélioration matérielle de leur sort. Intéressez tous les travailleurs à la conservation, à l'économie ; montrez-leur, sinon la fortune, du moins l'aisance au bout d'une carrière laborieusement remplie ; et, ou je me trompe fort, ou vous en ferez des pères de famille sages, des maris irréprochables, des citoyens honnêtes et vigilants, amis de l'ordre social qui les protége. Une fois entrés dans cette voie de la prévoyance et de l'épargne, vous les y verrez bientôt marcher à grands pas ; car, rien ne tient tant au cœur de l'homme en général que la certitude de son lendemain, la sécurité de son avenir.

Alors, sans effort de la société, la moralité générale grandira, se développera chaque jour davantage. Le travailleur, pour peu qu'il soit secondé, viendra de lui-même demander leur concours aux sages institutions qui, sous mille formes diverses, donnent le moyen de faire fructifier les petites économies. Le pécule qu'il aura péniblement amassé à la sueur de son front lui sera cher comme un précieux trésor. Alors, aussi, l'ouvrier désertera moins son village puisqu'il y trouvera tout aussi bien qu'à la ville, et peut-être mieux, la sécurité et le bonheur. C'est ainsi qu'il s'élèvera par degrés dans l'échelle sociale, et que tout le monde applaudira à une transformation qui aura si bien tourné au profit de l'harmonie générale.

L'association agricole aura encore le mérite de faire justice de ces mille rivalités journalières qui naissent entre les riverains des diverses parcelles, rivalités qui sont malheureusement la source d'une foule de procès. Les contestations innombrables qui résultent du mauvais voisinage ne sont pas seulement regrettables à cause de leurs conséquences ruineuses; mais elles le sont surtout pour les haines qu'elles engendrent. Nous convenons que rien ici-bas n'est exempt d'inconvénients. C'est le propre des combinaisons humaines. Ce n'est donc point la perfection absolue qu'il faut rechercher, mais seulement la perfection relative. En conséquence, quand même l'association présenterait des inconvénients, cela ne veut point dire qu'elle soit à rejeter. Ce qu'il faut examiner, c'est la question de savoir si ses avantages ne l'emportent point sur ses inconvénients; il faut peser ce qui milite en sa faveur et ce qui paraît en sa défaveur; il faut voir, en un mot, si ses dommages sont moindres que ceux de la culture morcelée.

Dans toute question, il y a le pour et le contre. Pour prendre des résolutions sages, il faut donc savoir nombrer et peser les arguments et les faits. Ce n'est qu'après avoir tenu un compte rigoureux de tous les éléments d'appréciation que nous nous prononçons en faveur de l'association agricole.

Et vous, nobles défenseurs de l'instruction populaire, vous y trouverez aussi votre compte, car l'association vous donnera sûrement l'instruction universelle que vous revendiquez avec tant d'ardeur; elle vous mettra tous d'accord, partisans de l'obligation et partisans de la liberté. Vos discussions et vos querelles resteront sans objet devant le fait accompli. A part une infime exception, quel est le père de famille qui, à notre époque, ne comprend point les bienfaits de l'instruction et qui ne la désire pour ses enfants? Ce sentiment est trop naturel pour être méconnu. Défenseurs de l'instruction, ce n'est donc point vers la contrainte qu'il faut diriger vos efforts; c'est ailleurs qu'il faut les porter. C'est seulement la *possibilité* de l'instruction qu'il faut assurer. Malgré toutes les belles et bonnes choses qu'on peut invoquer contre l'ignorance, il faut cependant bien reconnaître que le vêtement et la nourriture sont encore, pour le père de famille, de nécessité plus étroite que l'instruction elle-même.

Je le demande, est-il libre d'envoyer son enfant à l'école le père qui attend de son aîné des services peu productifs, — j'en conviens, — mais qui pourtant contribuent à assurer la subsistance de la famille, le payement du percepteur ou du propriétaire.

Nous l'avons démontré, la culture morcelée exige le temps de huit ou dix individus là où un seul suffirait à la besogne, que cette besogne consiste dans la garde du troupeau ou dans les soins d'aménagement de la ferme.

Rendre le travail des enfants inutile par l'emploi des machines, et l'emploi des machines possible par la grande culture, reposant elle-même sur l'association, telles sont les indications pressantes du moment. Cela fait, les jeunes enfants devenus librés ne tarderont pas à aller occuper les bancs vides de nos écoles.

Telles sont, à nos yeux du moins, les principales conséquences morales qui nous paraissent virtuellement contenues dans l'application du principe d'association à la culture des terres.

CONCLUSIONS.

En résumé, des considérations diverses que nous avons précédemment exposées, nous croyons pouvoir tirer les conclusions suivantes :

A. — L'agriculture est une industrie et même elle est la première de toutes.

B. — Pour être prospère, l'agriculture demande le concours de toutes les sciences dans ce qu'elles ont de plus élevé ;

C. — 1° L'agriculture est un des éléments essentiels de la richesse des nations ;

2° Malgré l'éclat dont elle a brillé chez quelques peuples anciens, elle n'a cependant exercé qu'une influence limitée sur la civilisation du monde, attendu la sphère restreinte des moyens d'action dont elle jouissait alors ;

3° Pendant tout le moyen âge, l'agriculture a présenté tous les caractères de la routine et de l'empirisme

D. — 1° En France, le morcellement de la propriété terrienne favorise la petite culture;

2° La petite culture a le tort grave de s'opposer à l'entier développement de la production et de la consommation, deux conditions éminemment favorables à une agriculture progressive. Elle nuit à la production en gênant surtout l'emploi des machines, la pratique des assolements perfectionnés, l'introduction des procédés d'exploitation les plus rationnels et les plus économiques. Elle limite aussi la consommation générale parce qu'elle maintient le prix de ses produits à un taux plus élevé, situation qui réagit directement sur l'extension des débouchés et indirectement sur le progrès agricole..

E. — 1° L'agriculture anglaise, comparée à l'agriculture française, jouit d'une incontestable supériorité;

2° Avec une population et un territoire moindres, elle obtient des produits au moins équivalents aux produits français;

3° La valeur de ces produits répartie sur une plus petite étendue territoriale augmente, dans une notable proportion, le revenu du propriétaire, le profit du fermier sans abaisser le salaire de l'ouvrier.

F.— 1° La supériorité agricole des Anglais provient uniquement des causes générales suivantes : l'existence de la grande culture qui facilite l'emploi des machines, d'où découle la diminution de la main-d'œuvre et par conséquent l'abaissement du prix de revient des denrées; la possession d'un capital suffisant et d'une instruction professionnelle complète; et enfin un goût très prononcé pour la vie rurale dans toutes les classes de la nation anglaise.

G. — 1° L'énumération des causes qui ont assuré la

prospérité agricole des Anglais indique les moyens à employer pour relever l'agriculture nationale;

2° On atteindra sûrement ce but en améliorant les voies de communication, en en traçant de nouvelles; en rachetant les canaux, reboisant les montagnes. Mais ce qui importe le plus, c'est d'organiser sans retard le crédit agricole par la création d'une banque territoriale; c'est de faciliter l'existence de la grande culture par la pratique de l'association; c'est enfin de répandre, par un enseignement bien entendu, les connaissances spéciales indispensables à un bon agriculteur.

H. — 1° Le prêt hypothécaire ordinaire est l'enfance même du crédit; il a été jusqu'aujourd'hui presque le seul utilisé;

2° L'institution du *Crédit* foncier marque un progrès important dans la science financière;

3° La *Banque* territoriale est, pour le moins, aussi supérieure au crédit foncier que ce dernier l'est lui-même au prêt hypothécaire simple;

4° L'établissement d'une banque territoriale offrirait, outre une solidité incontestable, le bon marché de l'argent, le moyen de liquider la dette hypothécaire, la disparition de l'usure; il faciliterait en même temps toutes les innovations utiles dont la réalisation est surtout ajournée faute de capitaux.

I. — 1° Il est reconnu que l'extrême morcellement du sol nuit aux progrès de l'agriculture;

2° Les échanges et les réunions territoriales sont des remèdes impuissants contre cet état de choses;

3° La liberté testamentaire, quoique pouvant offrir quelques avantages réels, est redoutée à cause des abus auxquels elle peut donner lieu;

4° L'association est le moyen par excellence de remédier aux inconvénients qui proviennent de l'extrême morcellement du sol ;

5° Il est aussi facile d'organiser des sociétés agricoles en vue de la culture des terres en commun qu'il l'a été de fonder ces nombreuses entreprises industrielles qui fonctionnent autour de nous ;

6° Ces sociétés sauvegarderaient aussi bien, sinon mieux, que l'affermage des terres, les intérêts du propriétaire, du fermier et de l'ouvrier, et leur influence s'exercerait avantageusement sur tout le monde économique ;

7° Il existe dans certaines parties de la France, et notamment dans le département de Seine-et-Marne, des sociétés particulières fondées dans le but spécial de procurer aux associés les meilleurs instruments agricoles ;

8° Au moins, la tendance à fonder de pareilles associations mérite d'être très sérieusement encouragée ;

9° Les arguments et les preuves qui militent en faveur des sociétés agricoles ont plus de valeur que les critiques mal fondées qu'on peut leur adresser.

K. — 1° Les associations agricoles, démontrées possibles, présentent des avantages matériels et moraux de la plus haute valeur ;

2° Les premiers se résument dans tous ceux de la grande culture, économie de production, accroissement de la consommation générale, allégement considérable du labeur des travailleurs ;

3° Les seconds, plus importants encore, assureraient le goût de l'économie chez l'ouvrier, la diminution des procès et enfin l'instruction populaire ;

4° Pour ce qui concerne les premiers, c'est-à-dire les avantages matériels de l'association, il est permis d'affirmer que le progrès agricole implique nécessairement le perfectionnement des différentes races d'animaux domestiques ;

5° L'expérience et la science démontrent chaque jour davantage que tous les êtres organisés, les animaux comme les plantes, sont soumis à deux grandes influences qui sont : l'action des agents extérieurs et celle due à l'intervention de l'homme dans la génération ;

6° La première, ou l'influence des modificateurs naturels, est caractérisée par la permanence de ses effets ;

7° La seconde, celle de l'intervention de l'homme, est surtout manifeste dans l'acte de la génération et dans le mode d'utilisation des animaux ;

8° Entre ces deux grandes forces, la prédominance appartient certainement aux agents extérieurs puisque, en raison de leur action continue, ils suffisent souvent pour dominer la volonté de l'homme, tandis qu'il faut à la génération les plus grands et les plus persévérants efforts pour neutraliser, momentanément, les influences naturelles

9° La puissance de la génération varie suivant le mode dont elle s'exerce ;

10° La sélection et la consanguinité favorisent l'hérédité des races ;

11° La consanguinité porte au plus haut degré la force héréditaire ; elle lui donne son maximum d'intensité ;

12° Dans le croisement, l'atavisme, dû à la fixité des caractères de la race, fait obstacle à l'hérédité individuelle ;

13° Les reproches adressés à la consanguinité ne sont pas fondés ;

1   Il ressort clairement de l'analyse des faits que le

grand principe de la division du travail reçoit son application, non-seulement dans l'industrie proprement dite et l'agriculture, mais encore l'industrie spéciale du bétail. Il change de nom sans se modifier : dans ce dernier cas, il devient la spécialisation de fonction.

Avant de terminer, je tiens à vous remercier, Monsieur le Rédacteur, pour la courtoisie et la bienveillance avec lesquelles vous avez bien voulu accueillir mes quelques communications.

Je vous prie aussi d'agréer l'expression de ma sincère gratitude et de me croire toujours,

Monsieur le Rédacteur,

Votre, etc., etc.

QUIN.

Camp-de-Châlons, août 1866.

FIN.

TABLE.

FIN DE LA TABLE.

ERRATA.

7e lettre, à la fin : Au lieu de loi *réglementatrice* lire loi *protectrice*.

9e lettre, 14 juillet, fin de l'article : Au lieu de sur la *qualité* des bénéfices qu'il produits lire sur la *quotité* des bénéfices qu'il produit.